經濟管理實驗教學平臺建設研究

羅勇、東奇 等著

財經錢線

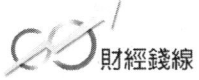

前言

　　實驗教學平臺是培養高素質「應用型、創新型」人才的重要載體,是大學生實踐能力和創新創業能力塑造的重要場所。

相對於理工類實驗室而言,經濟管理實驗室起步較晚,發展滯後。管理實驗室和其他文科實驗室的建設應該得到重視和加強,盡快改變中國高等學校經濟管理類專業和其他文科專業實驗教學相對落後的局面」。

我們認為,高水準的實驗教學平臺至少應該具備以下三個特性:一是平臺功能的多元性。不能將實驗室功能僅僅定位於第一課堂的教學服務,正如手機一樣,如果只有傳統的通話功能,是注定會被淘汰的。蘋果手機之所以受歡迎,是其多功能定位的結果。我們既要發揮實驗教學平臺在第一課堂中的重要作用,又要發揮其在第二課堂,特別是創新創業訓練中的優勢。另外,還應當發揮實驗教學平臺在科學研究、社會服務等方面的功能和作用。二是實驗資源的共享性。實驗教學平臺應該打破專業學科界線,建設適用於經管類所有學科共用的實驗教學大平臺,既避免重複建設提高資源利用率,又有利於學科融合,培養學生跨學科綜合實踐創新能力。三是運行機制的開放性。必須重視和加強開放實驗教學平臺的建設,做到與理論教學相互融合,將科學研究成果和行業企業的資源引入實驗教學,提升實驗教學平臺層次。

為了系統總結和經濟管理實驗教學平臺體系及其建設理論,在結合自身實踐的基礎上,我們撰寫了本書。主要包括以下內容:

第一章為經濟管理實驗教學導論。主要闡述實驗與實驗教學的概念,經濟管理實驗教學及實驗教學平臺的特點、作用和類型等基本問題,分析了經濟管理實驗教學平臺建設存在的主要問題,探討了其建設原則和思路。

第二章至第四章研究經濟管理實驗教學三大平臺(實驗課程教學平臺、開放實驗教學平臺和創新創業實驗教學平臺)建設的有關理論和方法。我們主張建立獨立的實驗課程體系,以能力培養為導向設計實驗課程;建議創新開放實驗運行機制,建立開放實驗項目「超市」,構建多維立體的開放實驗平臺;倡導與專業教育有機結合,搭建創業實訓公司等創新創業實訓平臺。

第五章探討經濟管理實驗教學平臺保障體系。包括經濟管理實驗教學管理體制、實驗教學隊伍、實驗教學運行和質量監控體系等方面，以此保障平臺建設的順利實施。

羅　勇

目錄

第1章　經濟管理實驗教學導論　/1

　　1.1　實驗與實驗教學　/2

　　1.2　經濟管理實驗教學的特點及分類　/16

　　1.3　經濟管理實驗教學平臺的特點及分類　/22

　　1.4　經濟管理實驗教學平臺建設現狀及發展思路　/30

第2章　經濟管理實驗課程教學平臺建設　/40

　　2.1　經濟管理實驗課程教學平臺概述　/41

　　2.2　經濟管理實驗課程內容建設　/47

　　2.3　經濟管理實驗課程教學方法改革　/77

　　2.4　經濟管理實驗課程規範管理　/83

第3章　經濟管理開放實驗教學平臺建設　/88

　　3.1　經濟管理開放實驗教學平臺概述　/89

　　3.2　經濟管理開放實驗教學平臺建設現狀　/99

　　3.3　經濟管理開放實驗教學平臺建設的內容　/104

　　3.4　經濟管理開放實驗平臺建設典型案例　/110

第4章　經濟管理創新創業實驗教學平臺建設　/120

　　4.1　創新創業教育概述　/120

　　4.2　經濟管理創新創業教育教學現狀　/127

4.3　經濟管理創新創業實驗教學平臺建設　/134

4.4　經濟管理創新創業實驗教學模式創新　/142

第 5 章　經濟管理實驗教學平臺保障體系　/149

　　5.1　經濟管理實驗教學平臺保障體系概述　/149

　　5.2　經濟管理實驗教學管理體制保障　/151

　　5.3　經濟管理實驗教學隊伍保障　/166

　　5.4　經濟管理實驗教學運行條件保障　/174

　　5.5　經濟管理實驗教學質量監控保障　/190

第1章

經濟管理實驗教學導論

　　高等教育肩負著培養高素質專門人才和拔尖人才的重要使命，如何提高學生創新能力、增強學生的實踐能力，是目前擺在高等教育面前的重要課題。科學技術的進步，離不開科學研究，離不開千百次的實驗和大量的實驗數據，因此，普遍認為，實驗是科學研究的基本手段和方法。實質上，實驗不僅是科學研究的重要手段，技術發明與創新的基礎，同時也是人才培養的重要環節和方式。高等學校的教學主要包括理論教學和實踐教學，二者是教學體系中既相互聯繫又相互獨立的兩個環節、兩種手段，實踐教學在培養學生實踐能力和創新能力方面具有理論教學所不可能替代的作用。實驗教學是大學生素質養成、能力培養的重要環節，是整個教學工作的重要組成部分，其質量好壞直接關係到人才培養質量的高低。經濟管理實驗教學既是培養經濟管理類專業科學素養、專業技能、實踐能力的重要手段，也是傳授知識的重要途徑。本章從多角度重點分析實驗、實驗教學、經濟管理實驗教學、經濟管理實驗教學平臺等基本概念和內涵。

1.1 實驗與實驗教學

實驗是知識的源泉，是人類認識自然、改造自然的最直接的活動，是推進社會進步及科技發展的重要動力。

1.1.1 實驗

（1）實驗的定義

實驗是一種研究方法，是一種手段，是教學環節，是可以不斷重複的行為，是檢驗理論的標準。對實驗這一概念，從不同角度有不同的認識和說法，但從實驗的本質看，比較流行的概念是：實驗是指為闡明或檢驗某一現象，在特定的條件下，觀察其變化和結果的過程所做的工作。也可以說實驗是科學研究的基本方法之一，它是根據科學研究的目的，盡可能地排除外界的影響，突出主要因素並利用一些專門的儀器設備，而人為地變革、控制或模擬研究對象，使某一些事物（或過程）發生或再現，借助某些工具、儀器，對其進行精密地、反覆地觀察和測試，從而去認識自然現象、自然性質、自然規律，探索其內在的規律性。《現代漢語辭典》中對實驗的解釋是：為檢驗某種科學理論或假設而進行某種操作或從事某種活動。可以進一步解釋為：實驗就是人們根據一定的科學和教學任務，運用一切儀器設備手段，突破自然條件限制，在人為控制和干預客觀對象的情況下，觀察、探索事物本質規律的一種學習研究活動。可見，實驗是人們探索客觀世界的一種活動，也是人們認識客觀世界的一種重要方法。」

實驗對科學的推動作用是十分巨大的，科學上的許多知識和理論的提出與發現，往往不是直接來自生產，而是來自實

驗。實驗能把探討和研究結合起來，把定性和定量結合起來，使科學精確化、系統化。有了實驗，科學就變成了真正意義上的科學。英國思想家、科學家、實驗科學的前驅者羅吉爾·培根說：「真正的學者應當靠實驗來弄懂自然科學、醫學和天上地下的一切事物」，「過去靠有名無實的權威和傳統習慣發表自己意見的人，算不得真正的學者，他們只能靠空洞爭辯來掩蓋自己的愚昧無知。」德國著名物理學家、X射線的發現者，威廉·康拉德·倫琴曾指出：「實驗是最有力量、最可靠的手段，它能使我們提示自然之謎，實驗是判斷假設應當保留還是放棄的最後鑒定。」實驗是科學研究的重要方法，很多重要的規律都是通過實驗總結出來的，一個傑出的科技工作者，應該是用科學的態度，靈活地、富有創造性、精力充沛地利用儀器收集信息。在實驗中找到樂趣，在實驗中發現亮點。實驗的一些成果，往往帶有偶然性，但偶然的發現讓人們得到啟示，並以反覆實驗，將偶然變成必然，從而推動人類文明進步。

　　對實驗的作用認識，科學家的成就越高，對其認識越深刻。美籍華人丁肇中在獲得諾貝爾獎時所作的演講中說道：「我希望，我得到諾貝爾獎能提高中國人對實驗的認識」，「過去，中國人從小就受到『勞心者治人，勞力者治於人』觀點的影響，普遍不太重視實驗，覺得理論比實驗更高明。大家認為學習就是學理論，從來沒有說學習就是要好好地學實驗。我是第一個通過自己實驗得到諾貝爾獎的中國人，我這次得獎，希望從此以後能夠擺脫中國人輕實驗，過分重視理論的舊傳統。」科學家張文裕說：「關於中國近代科學不發達的原因，說法很多，其原因主要是社會因素，但是對自然科學來說不發達的主要原因是輕視科學實驗和記憶。自然科學的發展為什麼不發達，就是輕視了實驗，輕視了記憶。」科學家對實驗的論述和認識，說明了實驗的重要作用。實驗是科技之母，不重視

實驗，輕視實驗，就是不重視科學，輕視科學。

（2）實驗的分類

從不同視角，實驗可以分為不同的類型：

①依據實驗的環境，分為實地實驗和實驗室實驗。

實地實驗是在自然環境條件下進行的一種實驗。包括現場實驗和自然實驗兩種。現場實驗不控制實驗條件或外部變量，它通過控制實驗刺激，即施加自變量影響，觀察因變量的變化。現場實驗基本保持實驗對象的原有特性，不改變實驗對象的現場背景。它比實驗室實驗更接近於被研究對象的本來面目，但不如實驗室實驗嚴密和精確。自然實驗指研究人員不施加自變量去影響實驗對象的一種實驗，實驗者不干涉實驗對象發生、發展的自然過程，只是利用自然事件來觀察和測量他所需要的指標值。自然實驗相似於有結構的觀察，優點是完全不改變實驗對象的自然狀態；缺點是難以找到理想的實驗組和控制組，難以確定實驗對象的自變量和因變量，也難以精確測量觀測值，從而給假設驗證帶來困難。

實驗室實驗是在某種人工環境或實驗室中所進行的實驗。它的人為性很強，將實驗對象從普遍的自然環境中轉移到一個能夠獲得精確觀察值的環境中。與實地實驗相比，實驗室實驗具有更高的內在效度，但它的人為性使得實驗環境與自然環境差距很大，外在效度較低。

②根據實驗的目的不同，分為研究實驗和教學實驗。

研究實驗就是為了科學研究的實驗，是人們為實現預定目的，在人工控制條件下，通過干預和控制科研對象而觀察和探索科研對象有關規律和機制的一種研究方法。

教學實驗就是學生在教師指導下，為掌握科學的實驗方法和基本操作技能進行的實驗，是人才培養過程中的一種手段和環節。

③根據實驗的方法不同，分為科學實驗、判決性實驗和思想實驗。

《中國大百科全書》在自然科學方法中，提出了科學實驗、判決性實驗和思想實驗三種。

科學實驗（Scientific Experiment）是人們為實現預定目的，在人工控制條件下研究客體的一種科學方法。它是人類獲得知識、檢驗知識的一種實踐形式。科學實驗萌芽於人類早期的生產活動中，後來逐漸分化出來。從 16 世紀開始成為獨立的社會實踐形式，並且成為近代自然科學的重要標誌。科學實驗包含三個要素：作為認識主體的實驗者（個人或集體），作為認識客體的實驗對象，作為主客體仲介的實驗物質手段（儀器、設備等）。科學實驗不同於在自然條件下的科學觀察，其特殊作用表現為：一是純化作用，為了突出研究客體的某一屬性或活動過程，可以排除不必要的因素以及外界的影響，以便使觀察在純粹條件下進行。二是重組作用，為了探求因果關係，在實驗中可以選取適當的因素進行不同的組合，以便系統地觀察各因素之間的對應關係。三是強化作用，在實驗室中可以把客體置於一些超常條件下，如超高溫、超低溫、超高壓、高真空等，以觀察其性能及變化規律。四是模擬作用，在科學實驗中，可利用不同客體在結構、功能、屬性和關係上的相似性，創造各種人工模型去模擬一些複雜的難以控制的，或者「時過境遷」、不易再現的研究對象，以探索其規律。

判決性實驗（Crucial Experiment）能對兩種對立的假說起到肯定一個和否定一個的裁決作用的實驗。即設計一個實驗，並根據對立的假說 H_1 和 H_2，推出互不相容的實驗結果 C_1 和 C_2，而實驗所得出的結果符合 C_1 不符合 C_2，則認為這一實驗肯定了 H_1，否定了 H_2。19 世紀以前，判決性實驗的存在是科學家們公認的。1905 年，法國物理學家 P. M. M 杜恒通

過對光學中傅科實驗的分析，指出一個假說 H 總是和其他一些假說（或假定）一起推出結果 C 的，所以實驗結果不符合 C，只能推知這一理論系統中至少有一個假說（或假定）是錯誤的，但不一定就是 H 為假。因此，他斷言在物理學中判決性實驗是不存在的。此後，是否存在判決性實驗就成為一個有爭議的問題。在自然科學中，實驗是檢驗科學假說最重要的實踐形式，因而被一些科學家稱為「科學的最高法庭」。但是，實驗對假說的檢驗既是確定的，又是不確定的。因為，實驗結果總是在一定程度上對假說提供某些肯定或否定的證據，在這種意義上，實驗對於兩個直接對立的假說有可能起一定的判決作用。但從邏輯和歷史兩個方面的分析可以看出，實驗檢驗還有其不確定的一面。當由一組前提推出的結論被檢驗表明為假時，從邏輯上並不能斷定哪一個前提是假的，因而不能作出確定的判決。而且，實驗本身也是歷史的、發展的。實驗的儀器在不斷更新，數據處理和計算方法在不斷改進，實驗結果的準確度也會不斷提高，實驗所涉及的各種知識同樣也都是在發展，對實驗結果作用的認識也必然隨著時間的推移而發生變化。因而，任何一個實驗都有其局限性，由此決定了它對假說的檢驗不可能是最終的判決。

　　思想實驗（Thought Experiment）是一種按照實驗程序設計的並在思維中進行的特殊論證方法。這種實驗既不同於實驗室實驗，也有別於形式邏輯的推理。實驗室實驗是借助於物質的觀察、測試手段（科學儀器等），進行實際的操作和測量，並經過數據處理得出實驗結果，一般的形式邏輯推理則是借助形式語言進行的。思想實驗則是按照假想的實驗手段和步驟，進行思維推理，得出合乎邏輯的結果。在思想實驗中，實驗者可以擺脫具體的物質條件的局限，充分發揮人的思維能動作用，對所研究的過程設想出實驗室實驗暫時不可能或原則上不

可能達到的實驗條件，進行邏輯論證。思想實驗是實驗室實驗的重要的邏輯補充，甚至有時是必不可少的補充。實驗室實驗和思想實驗的結合或配合使用，體現出認識方法上經驗與理性的統一、具體與抽象的統一，使人們對於所要研究的問題能獲得更為完整而深刻的規律性認識。思想實驗作為一種科學方法，在科學研究中發揮了重要的作用。一些重要的新概念，正是通過思想實驗產生的，如同時性、相對性、測不準關係、慣性質量與引力質量的等價性等；一些舊概念的不正確性，也正是通過思想實驗被揭露出來的。例如，古代認為力產生速度的概念、舊量子論關於原子中的電子軌道概念等。當然，這種通過思想實驗所獲得的認識還必須反覆地經受實踐的檢驗。

實驗依據其控制的嚴格程度，分為純實驗和準實驗。純實驗要求嚴格的控制，如嚴格控制實驗情景和研究變量，隨機分派實驗組和控制組等。準實驗近似於純實驗，但它不滿足純實驗所要求的所有條件。

實驗根據在人才培養中的作用不同，分為演示實驗、驗證性實驗、設計性實驗、研究性實驗等。

（3）實驗的功能與作用

實驗是科學發明的先導。在實驗中發現新的自然現象往往隱含著新的科學技術原理，如果從中加以研究提煉，弄清機制，就可以形成新的科學技術。

實驗是創新思維形成的本源。創新思維的形成，諸如聯想、想像、猜測、靈感、直覺、經驗等，實驗起到重要的啟迪作用。在科學創新過程中，科學家和發明家在靈感的狀態下，通過實驗往往茅塞頓開，豁然開朗，出現智力躍進，完全超越平時能力和極限，從而導致科學技術上的創新。創新源於實驗，沒有實驗，創新也無從談起，實驗是創新思維形成的本源。

實驗是獲取第一手研究資料的重要方法和手段。大量新的、精確的和系統的科技信息資料，往往都是經過實驗獲得的。在科學發展史上，發明大王愛迪生在先後進行了1600多種材料實驗，連續13個月2000多次實驗的基礎上，累積了大量的第一手材料，最終成功發明了電燈。

實驗是探索自然奧秘和驗證科學真理的重要途徑。實驗是探索自然奧秘的必由之路。一種科學理論和一項新技術是否正確，必須要通過科學實驗來加以驗證。如楊振寧、李政道發現了弱相互作用下的宇不守恆定律，但是他們提出這種定律以後，真正地作為一個理論、一個定律，是通過吳健雄做了實驗驗證以後才加以肯定。早在文藝復興時期，達·芬奇就曾說過，如果科學不是從科學實驗中產生，並且以一種清晰的實驗來結束，便是毫無用處的，充分謬誤的，因為實驗是科學之母。

（4）實驗與試驗、實踐的比較

實驗區別於試驗，實驗是為了解決文化、政治、經濟及其社會、自然問題，而在其對應的科學研究中用來檢驗某種新的假說、假設、原理、理論或者驗證某種已經存在的假說、假設、原理、理論而進行的明確、具體、可操作、有數據、有算法、有責任的技術操作行為。通常實驗要預設實驗目的、實驗環境，進行實驗操作，最終以實驗報告的形式發表實驗結果。試驗指的是在未知事物，或對別人已知的某種事物而在自己未知的時候，為了瞭解它的性能或者結果而進行的試探性操作。試驗是實驗的一種，大多帶有盲目性，沒有假說，強調對局部未知或某種沒有知曉情況進行試探性行為。

實踐（Practice）的範圍很廣，是指人類自覺自我的一切行為。實踐是人的社會的、歷史的、有目的、有意識的物質感性活動，是客觀過程的高級形式，是人類社會發展的普遍基礎

和動力。全部人類歷史是由人們的實踐活動構成的。人自身和人的認識都是在實踐的基礎上產生和發展的。人的有目的的活動是多方面的，因而實踐的形式也是多樣的。實踐最基本的形式是：

①改變自然，迫使自然滿足人們物質生活需要的生產活動。它決定著其他一切活動。

②以調整和改革人與人之間社會關係為目的的活動，這種活動在階級社會裡主要表現為階級鬥爭。

③以探索客觀世界奧秘或尋覓有效實踐活動方式為直接目的的科學試驗活動。

除以上三種基本形式外，教育、管理、藝術等一切同客觀世界相接觸的人的有目的的感性活動，都是實踐。

1.1.2　經濟管理實驗

實驗是科學之母。但長期以來，很多人認為僅僅是自然科學需要實驗，社會科學不需要實驗，因此作為社會科學的經濟學與管理學似乎與實驗無緣。甚至連一些大師級的經濟學家也有類似的看法，諾貝爾經濟學獎獲得者薩繆爾森曾在他和諾德豪斯合著的《經濟學原理》中說過：經濟學家在檢驗經濟法則的時候，無法進行類似化學家或生物學家的受控實驗，因為他們不容易控制其他重要因素，所以只能像天文學家或氣象學家那樣滿足於觀測。其實，這是一種誤解。

客觀地講，實驗方法正在逐步成為社會科學的主要研究方法之一。社會科學的實驗研究對象是社會現象，實驗研究任務是研究與闡述各種社會現象及其發展規律。在現代科學的發展進程中，新科技革命為社會科學的實驗研究提供了新的方法手段，社會科學與自然科學在實驗研究方法上相互滲透、相互聯繫的趨勢日益強烈。經濟學和管理學是社會科學中的重要領

域，也必然離不開實驗的方法和手段。因此，經濟管理實驗的出現與運用是經濟學與管理學學科發展的歷史必然。經濟管理實驗就是人們根據一定的經濟管理科研和教學任務，運用一切儀器設備手段，突破自然與社會條件限制，在人為控制和干預客觀對象的情況下，觀察、探索經濟與管理現象及活動的本質規律的一種學習研究活動，它包括經濟實驗與管理實驗。

經濟實驗是針對所研究的經濟學問題，設計經濟實驗，對影響經濟行為的因素進行控制，摒棄那些與問題無關的因素，集中觀察那些研究者感興趣的因素的作用，通過做實驗取得實驗結果，最後對實驗數據和結果進行分析，並充分認識實驗結果的經濟學含義。經濟實驗本質是在經濟學領域實證研究生產力、生產關係、資源有效配置以及利益分配等相關問題。

管理實驗是研究如何在可控的實驗環境下對某一管理現象或管理問題，通過控制實驗條件，觀察實驗者行為和分析實驗結果，以檢驗、比較和完善管理理論或為管理者提供決策依據的過程。管理實驗的研究離不開管理的計劃、組織、領導、控制、激勵、創新等職能，也離不開管理中的環境、信息、時間、知識、網絡等影響因素。

經濟實驗與管理實驗既有相似之處，又有不同之處。

相同之處主要體現在：

一是都具有實驗的特徵，即是利用受控實驗的方法對已有的理論進行檢驗，或通過實驗發現某些規律，因此都具有實驗教學方法所具有的特性，即理論假說、有控制、可重複操作。

二是都定義了實驗變量。經濟實驗和管理實驗都會定義各種實驗變量，既包括微觀變量，也包括宏觀變量，以及一些可控變量等。

三是實驗過程大致相同，基本都包括實驗設計、實驗實施、實驗結果分析三個步驟。

不同之處主要體現在：

一是視角不同。視角是看問題的角度或出發點，傳統經濟學在研究經濟現象和經濟問題時，以人是完全理性的、自私的、以實現自身利益最大化為唯一目標的經濟人作為假設前提；現代的經濟實驗改進了這一基本假設，認為人並非完全理性，人的決策除受客觀因素影響之外，還受心理因素影響，但其仍然是在經濟學領域，從經濟學的角度看待各種經濟問題。經濟實驗常常以均衡、效率作為分析的著眼點，研究人們在給定的機制下如何相互作用，從而達到某種均衡狀態。管理是以計劃、組織、領導、控制、創新為基本職能的，是在某一組織中為實現預期目標而從事的以人為中心的協調活動，其本質是在一定的社會組織中，以人為中心，協調組織中的個人行為使其與組織目標相一致。管理實驗也是圍繞管理的五大基本職能，從管理的角度，對管理中的問題通過實驗的方法進行研究分析的，其主要涉及組織、組織的目標、組織中的人，包括管理者和被管理者的行為和決策。隨著管理學的發展，管理實驗也逐漸將其研究的視角擴展到管理中的信息、時間、知識、網絡等研究領域。

二是參照系不同。參照系是在經濟學和管理學裡面被決策者作為分析判斷時的一個參考依據。經濟實驗主要研究經濟活動，研究如何讓有限的社會資源得到最優化的配置。管理實驗中人是最基本、最核心的內容，是以組織中的人，包括管理者和被管理者的行為和決策為管理實驗的出發點和歸宿。

三是分析工具不同。分析工具就是研究問題時採用的方法，經濟實驗中最常用的分析工具是數學模型和圖像模型，如價值函數和權重函數及其圖形，市場供給和需求曲線在雙向拍賣實驗中的應用，涉及的變量大多為需求、價格、產量、成本、利潤等可量化的變量，經濟實驗多採用定量分析的方法進

行研究。管理實驗則是綜合運用經濟學、社會學、心理學、數學、哲學、倫理學等知識進行分析研究。涉及的變量主要有組織的目標、組織所處的環境、現有的條件、組織掌握的信息以及所採取的策略、戰略等，這些變量通常無法直接度量，因而管理實驗多採用定性與定量相結合的方法進行研究，其研究方法除數據模型和圖像模型處，還有模擬和仿真等。

1.1.3 實驗教學

實驗教學是人才培養的手段，無論自然學科、還是社會學科，都需要通過實驗的環節來培養學生的實踐能力和創新能力。

（1）實驗教學的定義

從字面上看，實驗教學就是應用實驗手段進行教學的過程。實驗本來是人類探索和改造客觀世界的重要手段，是人類實踐活動的重要形式。但作為實驗教學，其含義卻不同於一般的自然科學實驗或社會科學實驗，它是一種在特定環境與條件下教與學的活動，它的實質是學生在教師指導下，借助實驗設備和實驗手段，選擇適當方法，將預定實驗對象的某些屬性呈現出來，進而揭示實驗對象本質，使學生獲得感知、真知，從而達到對學生進行教育的目標。實驗教學的這一特性，不但決定了其作為教學活動具有不同於課堂理論教學的特有規律，而且也決定了其在學生整個智育過程中不可被其他教學形式所取代的地位和作用。

（2）實驗教學的特點

①實驗教學是學生在教師指導下進行實驗

在高等學校中，理論教學和實驗教學是學校整個教學工作的兩個重要組成部分。理論教學主要由教師講授傳播知識。實驗教學是在教師有計劃、有目的的指導下，學生運用理論知

識，自己動腦、動手，獨立地進行實驗。學生在實驗中通過觀察、操作、測量、記錄、運算和分析，不僅學會各種實驗儀器設備的操作和使用，而且理論聯繫實際，加深對所學知識的理解。

②實驗教學主要目的是讓學生掌握科學的實驗方法和基本操作技能

實驗教學可以培養學生理論聯繫實際，綜合分析問題、解決問題的能力，可以使學生掌握科學實驗方法、基本技能和專業技能，提高科學實驗能力，培養學生嚴謹求實、一絲不苟的科學態度和工作作風。特別是通過綜合性、設計性或創新性實驗，培養學生綜合運用所學的知識，發現問題和解決問題的能力，學生還可以獲得新技能、新發現、新知識。開設創新性實驗是培養學生創新思維和創新能力的重要途徑。

③實驗教學具有直觀性、實踐性、綜合性的特點

相對於理論教學，實驗教學更具有直觀性、實踐性、綜合性的特點。因此實驗教學對於高等學校人才培養十分重要，具有課堂理論教學不可替代的地位和作用。

（3）實驗教學的作用與意義

①驗證理論、擴大知識面

實驗教學的過程是學生在教師指導下，利用理論原理，借助實驗室的特定條件，選擇適當方法，作用於研究對象，將其固有的某些屬性呈現出來，以提示其本質及其幹什麼，使學生完成從理性到感性再回到理性的認識過程。實驗教學既是加深學生對基本理論的記憶和理解的重要方式，又是理論學習的繼續、補充、擴展和深化，是幫助學生擴大知識面的重要手段。

②開發智力，培養實驗能力

實驗教學的核心是加強學生智能培養，增加其獲取知識和運用知識的能力，提高其使用實驗方法進行科學探索的能力，

也就是培養學生具有科技工作者的綜合實驗能力。它包括兩個方面：一是基本實驗能力，要求掌握本專業常用科學儀器的基本知識和操作技術、技巧，熟悉本專業的基本實驗方法和一般實驗程序，掌握應用計算機的能力等。二是創造性實驗能力，通過實驗總體設計、實驗方向的選擇、實驗方案的確定，培養學生綜合性分析能力和創新能力等。

③探索求知知識，總結完善科學理論

通過實驗教學，讓學生結合專業實驗、畢業設計和畢業論文等，開發部分設計性和綜合性實驗項目，或直接參加科學研究和新產品開發等工作。不僅有助於學生學習已知的基本理論和培養實驗能力，而且還有利於他們探索未知的知識領域，或者開發新產品。

④加強品德修養，培養基本素質

實驗教學在育人方面有其獨特的作用。它不僅可以授人以知識和技術，培養學生動手能力與分析問題、解決問題的能力，而且影響學生的世界觀、思維方式和工作作風。通過實驗教學，讓學生學習辯證唯物主義的觀點，養成實事求是、一絲不苟的嚴謹作風，培養團結協作、密切配合、講科學的良好思想品德。

（4）實驗教學的種類

①演示性實驗

演示性實驗是一種課堂直觀教學，用於提高課堂教學效果，培養學生觀察能力，加深學生對理論的理解和記憶。

②驗證性實驗

驗證性實驗是學生根據實驗指導書和教程的要求，按照既定方法和既定的儀器條件完成全部實驗過程，以驗證課堂教學的理論，從而達到深化理論學習，培養基本實驗能力，獲得實驗基礎訓練的目的。

③設計性實驗

設計性實驗由教師擬定題目，學生根據所學內容，確定實驗方案，選擇實驗方法和步驟，選用儀器設備，獨立操作完成實驗，寫出實驗報告，並進行綜合分析，以培養學生的思維能力、組織能力和技術能力，為將來從事實際工作打下基礎。

④研究性實驗

研究性實驗是學生進行畢業設計、撰寫畢業論文或科研論文時，在教師指導下，明確研究項目的任務與目標，提出解決辦法，擬定解決方案；同時，運用實驗手段與方法，進行綜合分析、研究與探討，獨立地完成實驗的全過程，以培養學生的獨立研究能力和創造能力。

（5）實驗教學與理論教學的關係

實驗教學與理論教學都是教學的一種形式和手段，是學校人才培養的路徑。人才培養需要兩種路徑：一是通過理論教學提升專業基礎知識和理論水準，二是通過實驗教學培養專業技能。傳統的觀點認為實驗教學的目的是驗證課堂講授的理論內容。實驗教學的方法主要是實驗前由老師講解實驗目的、原理、要求等；有些實驗教師還會進行簡單的操作示範，並在示範的過程中告訴學生每個需要注意的細節；然後是學生動手，老師從旁指導；實驗結束後學生撰寫實驗報告。這種模式過分強調以實驗驗證理論的教學思想，忽視學生智能的培養。當代的實驗教學應該適應當代的大學職能，融教育、研究、服務於一身，由單一型職能向綜合型職能轉變。此外，當代大學的人才培養模式也發生了變革，當代的大學生只掌握一些專門知識、專門技能是不夠的，應該知識廣博，擁有科學的頭腦，做到明辨是非、靜觀得失、縝密思考，而不至於盲從。這些都對傳統的實驗教學提出了新的要求，當代的實驗教學應該以教學型實驗為根本，同時融入研究型實驗。

比較來看，理論教學與實驗教學存在幾個顯著差異：

一是教學手段不同。理論教學是以教師講授為主，把相關知識通過講解傳授給學生，讓學生知曉和瞭解相關知識和理論；實驗教學是通過學生實際操作來掌握相關知識和技能，強調學生實際參與。

二是教學主體不同。理論教學目前仍然是教師是講授的主體，學生是學習的主體；實驗教學基本上學生是主體，教師是輔助。

三是教學條件不同。理論教學基本上不需要其他特別的教學設備，現在多媒體教學也僅需要電腦和投影儀；實驗教學根據不同實驗教學內容，必須依賴不同的耗材和設備，才能完成實驗教學內容，並且基本上每位同學一套，大型設備多位同學共用一套。

四是教學效果不同。按學習金字塔理論研究，講授型的理論教學學生在兩週之後僅有5%知識掌握和記憶，而通過實際操作學習的知識和技能，兩週之掌握的知識超過75%，因此理論教學和實驗教學在學生知識掌握的效果上差異較大。

五是教學方法不同。理論教學主要的教學方法有講授式、主題討論式、問題式教學等；實驗教學方法有模擬、仿真、博弈、討論等。

1.2 經濟管理實驗教學的特點及分類

1.2.1 經濟管理實驗教學的概念

經濟管理實驗教學和一般自然科學實驗教學既有共同之處，又有顯著的差別。自然科學的許多學科本身就是在實驗基

礎上建立起來的，只有通過大量實驗，才能讓學生真正掌握本學科與本專業的理論知識，掌握本學科與本專業基本實驗理論、方法與技能，得到以理論知識解決實際問題及工程素養的初步訓練，並在實驗研究中涉獵本學科與本專業前沿的新實驗，養成科學實驗的作風。經濟管理實驗教學是根據經濟管理教學目的，利用相應工具、手段、實驗數據及相應實踐環境，按照經濟管理專業教學計劃而從事的理論聯繫實際的經濟管理教學活動，包括實驗課、技能訓練課、案例分析等，以此讓學生掌握經濟理論模型、管理實務和應用技能以及經濟管理實驗分析能力的一種教學模式，是通過經濟管理實驗提供的條件和手段，開展專業知識學習，專業素質提升、專業技能培養和創造能力鍛煉的教學活動。

1.2.2　經濟管理實驗教學的特點

（1）知識、技能和方法的綜合性

經濟管理實驗教學的綜合性主要是指經濟管理類實驗教學既涉及知識的掌握，也涉及技能和方法的訓練。某些經濟管理實驗教學還涉及多個學科，是多學科理論與方法的綜合。如電子商務、會計電算化、管理信息系統、網絡行銷、旅遊管理信息系統等是信息學科與經濟管理類學科的綜合；管理會計是管理與會計學科綜合；市場行銷、財務管理、企業管理、證券投資、管理決策、投資理財、企業營運等都是相關多學科的綜合。

（2）實驗教學過程中角色的協同與交互性

經濟管理類實驗教學需要指導老師與學生、學生與學生間進行多角色協同與交互開展。模擬現實中企事業單位生產經營業務活動，需要不同崗位上的人共同完成，既可能是同一企業的不同崗位，也可以是同一企業內部同一部門的不同崗位，還

可以是不同企業的不同崗位。模擬企業服務環境，需要不同政府管理部門和社會仲介機構參與，這就需要不同機構的不同崗位進行協同開展實驗教學。經濟管理實驗教學過程中，不同崗位的同學還必須進行信息交互協同，根據相關角色的處理過程和結果確定自己的處理方法，每個角色的處理過程既受其他角色的影響也影響著其他角色的處理；同時，由於不同崗位對學生技能和能力訓練不同，要讓每位同學能夠訓練不同崗位的基礎技能和能力。沒有交互，難以訓練每位同學的綜合能力和多崗位技能。如電子商務要模擬網上交易雙方企業、銀行、物流商、認證中心等不同經濟組織有關人員協同完成電子商務過程。

（3）實驗過程和成果的不確定性

經濟管理實驗過程受不同學生思維不同和採取的行為差異影響，實驗過程和結果存在不確定性。在實驗教學過程中，每位同學對方法、知識角色的理解存在差異和個性偏好，都會影響其對經濟管理實驗過程中的處理方法，這就使得每個角色在實驗過程中既影響他人又受他人影響，呈現出不確定性。實驗行為、思維和過程的不確定性必然帶來實驗結果的不確定性，意味著相同的實驗過程會有不同的實驗結果，甚至還可能出現沒有正確結果的可能性，這種實驗結果的不確定性是顯著區別於理工類實驗教學的特點的。

1.2.3 經濟管理實驗教學的作用

（1）傳授知識，訓練技能

經濟管理實驗教學把傳授經濟管理知識與訓練經濟管理技能統一在一個教學過程中。在這個教學過程中，不但根據教學目標有目的、有計劃地進行經濟管理知識傳授，而且按照一定程序不斷重複和深化經濟管理技能訓練。學生累積了一定的經

濟管理理論知識和技能後，就可以開展比較複雜的經濟管理綜合性與設計性實驗，從而對已掌握的經濟管理知識和技能起到深化與拓展作用。

（2）開發智力，培養能力

經濟管理實驗教學的核心是加強學生智能教育，培養學生綜合能力。具體而言，經濟管理實驗教學在學生能力培養上，大致包括以下幾個方面：觀察思維能力的培養，動手操作能力的培養，分析解決問題能力的培養，研究設計能力的培養以及開拓創新能力的培養。

（3）養成作風，提高素質

經濟管理實驗教學的作用不但體現在育人方面，而且還體現在育德方面。這是因為經濟管理實驗教學可以促使學生學習辯證唯物主義的觀點與方法，樹立艱苦奮鬥的獻身精神，養成實事求是、一絲不苟的嚴謹作風，培養團結協作、密切配合、講求科學道德的良好思想品德，進而不斷提高綜合素質。

（4）探索求知，發展科學

經濟管理實驗教學與經濟管理科學研究相結合，促使經濟管理實驗教學探索求知，發展科學的作用逐步顯現出來。一般來講，研究生經濟管理實驗教學主要結合經濟管理科學研究進行，相關經濟管理實驗活動已經把經濟管理實驗教學與經濟管理科學研究融為一體；本、專科學生經濟管理實驗活動中的畢業設計、畢業論文、課程設計可以直接參加某些經濟管理科學研究課題的研究與實驗任務。

1.2.4 經濟管理實驗教學類型

經濟管理實驗教學根據不同標準可以有不同的分類。其中，最有現實意義的是按照以下兩個標準所作的分類：一是按照經濟管理實驗教學的內容、形式及其作用分類；二是按照在

經濟管理實驗教學體系中的地位或性質分類。

（1）按照經濟管理實驗教學的內容、形式及其作用分類

按照經濟管理實驗教學的內容、形式及其作用，分為技能性經濟管理實驗教學、演示性經濟管理實驗教學、驗證性經濟管理實驗教學、模擬性經濟管理實驗教學、設計性經濟管理實驗教學、綜合性經濟管理實驗教學以及研究性經濟管理實驗教學。

①技能性經濟管理實驗教學，即對學生經濟管理基本操作技能的訓練，以培養學生經濟管理操作能力的敏捷性、準確性、協調性和靈活性，如辦公自動化技能訓練、商業自動化管理技能訓練、國際貿易實務操作技能訓練、會計電算化訓練等。

②演示性經濟管理實驗教學，即利用現代化教學手段，將經濟管理理論知識形象化發展給學生，以提高經濟管理理論教學講授效果，擴大經濟管理授課信息量。演示性經濟管理實驗一般都是由教師操作，要求學生進行觀察。

③驗證性經濟管理實驗教學，即學生根據實驗指導書要求，在教師指導下，按照既定方法和既定儀器條件，完成全部實驗過程，以驗證課堂學習的經濟管理理論，理解與消化經濟管理理論知識，培養學生經濟管理專業能力。驗證性經濟管理實驗一般都由學生操作，學生按照實驗指導書，在教師和實驗技術人員指導下在經濟管理實驗室內進行。

④模擬性經濟管理實驗教學，即通過模擬仿真現實社會中的經濟與管理運作過程，向學生提供一個身臨其境的虛擬社會生活場景，學生通過這個場景進行模擬演練，從而加深對所學經濟管理理論知識的認識和理解。模擬性經濟管理實驗一般是由學生自己操作，學生按照實驗指導書，在教師指導下，在模擬（仿真）環境下，承擔某一任務或扮演某種角色進行虛擬

聯繫。模擬性經濟管理實驗教學主要有證券交易模擬、房地產投資模擬、社區生活模擬、EDI（電子數據交換）模擬等。

⑤設計性經濟管理實驗教學，即由教師擬定題目，學生根據所學內容，確定實驗項目，選擇實驗方案和步驟、實驗儀器設備，獨立操作完成經濟管理實驗項目，撰寫實驗報告並進行綜合分析，以培養學生的思維能力、組織能力和技能能力。在經濟管理實驗教學中，設計性經濟管理實驗教學主要有課程設計、項目設計、學年論文、學年設計以及畢業論文、畢業設計等，如電子商務網站建設、企業廣告策劃、人力資源管理等。設計性經濟管理實驗教學一般包括方案設計、資料查詢、實施實驗、實驗總結等階段。

⑥綜合性經濟管理實驗教學，即在學生具有一定的經濟管理基礎知識和基本操作技能的基礎上，運用某一課程或多門課程的知識，對學生經濟管理專業技能和經濟管理實驗方法進行綜合訓練，以著重培養學生的綜合分析能力、實驗動手能力、數據處理能力及信息資源檢索能力等。在經濟管理實驗教學中，綜合性經濟管理實驗教學主要是指圍繞某個專業或多門課程的實驗教學，如企業資源計劃，電子商務等，綜合性經濟管理實驗教學一般在學生基本學完經濟管理理論知識並掌握相應經濟管理實驗基本技能之後進行，因此綜合性經濟管理實驗教學在選題上要注意廣度和深度。

⑦研究性經濟管理實驗教學，即學生進行畢業設計、撰寫畢業論文和科研論文，以及參加教師科研項目時，在教師指導下，明確研究項目任務與目標，提出解決辦法，擬定解決方案，運用實驗手段與方法，進行綜合分析、研究與探討，獨立完成實驗過程，以培養學生獨立研究能力和創造能力。研究性經濟管理實驗教學，一般包括布置課題、查閱文獻、實施實驗、實驗總結等階段。

(2) 按照在經濟管理實驗教學體系中的地位或性質分類

按照經濟管理實驗課程在經濟管理實驗教學體系中的地位或性質，分為經濟管理公共基礎實驗教學、經濟管理專業基礎實驗教學以及經濟管理專業綜合實驗教學。

①經濟管理公共基礎實驗教學，包括兩個部分：一是與經濟管理基礎課程相聯繫的經濟管理實驗教學；二是與經濟管理專業教育的公共基礎課程相結合的經濟管理實驗教學。

②經濟管理專業基礎實驗教學，即借助專門經濟管理信息處理技術和軟件開發技術所進行的，與經濟管理實務及現實應用有著密切關係的經濟管理類專業的專業基礎課程實驗教學。經濟管理專業基礎實驗教學一方面體現為在經濟管理理論基礎上的實務性教學實踐，通過運用經濟管理理論知識和經濟管理軟件系統，提高學生對經濟管理課程教學內容和知識的掌握；另一方面幫助學生提升分析、處理經濟管理問題的能力並體現經濟管理專業素質教學的要求。

③經濟管理專業綜合實驗教學，即具有綜合能力培養的、體現經濟管理專業知識和專業技能、與信息技術綜合應用的經濟管理專業課程實驗教學。經濟管理專業實驗教學可以通過與經濟管理案例教學、經濟管理實踐教學相結合，也可以通過設計綜合性的經濟管理實驗項目來完成，甚至可以同經濟管理專業社會實踐活動結合進行。

1.3 經濟管理實驗教學平臺的特點及分類

1.3.1 經濟管理實驗教學平臺的定義

平臺既有實物內涵，也有虛擬概念。如實物方面理解，平

臺是曬臺，是生產和施工過程中，為操作方便而設置的工作臺，有的能移動和升降，如景觀觀賞平臺、屋頂平臺、晾曬平臺、施工平臺、操控平臺等。從計算機角度理解，平臺指計算機硬件或軟件的操作環境，如常說的 Windows 平臺，蘋果平臺等。一般理解平臺為進行某項工作所需要的環境或條件。

教學平臺是指為開展教學實踐使用的一系列軟硬件資源的統稱。其中包括提供開展教學實踐的場所（傳統的有教室、操場等，新型的有網絡、電視等）、教學方式和教學手段（多媒體教學、情景教學、視頻教學等），還包括設立的課程（教材資源、教學設備等）。由於其內容的不同，教學平臺有其特有的實現方式，有傳統的以教師課堂為主體的教學平臺，有以網絡為基礎的網絡教學平臺，有以電視視頻為載體的遠程視頻教學平臺，有以實驗設備和模擬環境為基礎的實驗教學平臺等。隨著社會對教育的重視程度越來越高，教學平臺的發展也越來越快，由單一的以教師為中心發展到現在的綜合性教學模式，越來越多地利用科學技術的發展改變傳統教學模式。教學平臺又可以包含有多媒體教學平臺、電教平臺、實驗室、實訓室等，為人才培養和教學需求而搭建的平臺都可以稱之為教學平臺。隨著實驗教學作用的進一步提升，實驗教學平臺在人才培養中的地位和作用也進一步彰顯。實驗教學平臺就是開展實驗教學使用的一系列軟硬件資源的統稱，同樣也包括提供開展實驗教學實踐的實驗室、教學方法、課程、教材資源、設備等。

經濟管理實驗教學平臺具有普通實驗教學平臺的特徵，是開展經濟管理實驗教學使用的一系列軟硬件資源的統稱，既包括開展經濟管理實驗教學的實驗室，也包括經濟管理實驗教學方法、經濟管理實驗教學課程、經濟管理實驗教學課程教材、經濟管理實驗軟件系統和硬件設備、經濟管理實驗數據庫和案

例庫等經濟管理實驗教學資源。它是經濟管理實驗教學不可缺少的物質基礎和必備條件，經濟管理實驗教學的質量和水準很大程度上取決於經濟管理實驗平臺的性能狀況和先進程度。受經濟管理學科特徵的影響，以及現代實驗室建設的開放性趨勢，經濟管理實驗教學平臺從空間上看，既包括校內經濟管理實驗教學資源，也包括校外經濟管理實驗教學基地和資源；從形式看，既包括物化的教學資源，也包括非物化的教學思想和理念；從條件看，既包括經濟管理實驗教學有形設備，也包括經濟管理實驗教學模擬軟件、環境和教學數據庫等；從主體看，既包括傳統的教師，也包括學生，並且在實驗教學中學生的主體地位更明顯；從教學計劃安排看，既包括計劃內教學，即第一課堂教學，也包括非計劃的開放教學，即第二課堂；從教學內容看，既包括專業教學內容，也包括與專業緊密結合的創新創業教學內容。

1.3.2　經濟管理實驗教學平臺特點

（1）資源共享明顯

經濟管理實驗教學平臺由於經濟和管理學科間緊密聯繫、手段相似，因此無論是教學資源，還是教學條件，以及教學方法，有很多是一致或可以共用的，如國泰安數據，既包括宏觀經濟數據，也包括上市企業財務數據，既可以作為經濟類實驗教學資源，也可以開展企業管理、財務管理實驗教學。另外，經濟管理實驗教學平臺硬件以計算機為主，開展經濟類實驗教學、管理類實驗教學，均要依賴計算機，因此，可以說經濟管理實驗教學硬件平臺均可共享。

（2）軟硬資源一體

經濟管理實驗教學平臺包括的教學資源豐富，既包括實驗室、計算機、物理沙盤等硬條件。同時，還包括很多軟件、數

據庫等資源，且軟件資源和硬件資源一體，不可能只有某一方面而開展實驗教學。經濟管理實驗教學平臺中的課程資源也與硬件融為一體，如開展 ERP、房地產企業經營管理實驗教學等，都既依託軟件資源，又依託課程資源，不同教學條件決定不同的課程教學內容，因此，經濟管理實驗教學平臺軟硬資源往往是融為一體的。

（3）開放性強

經濟管理實驗教學平臺具有很強的開放性，課程資源受社會經濟發展的影響，部分教學內容要根據發展變化而調整，如會計專業實驗教學，會隨會計準則的變化而調整教學內容，充分體現了平臺的開放性。經濟管理實驗教學平臺的開放性還體現在平臺的空間具有校內外一體化，有些實驗室、實驗教學環節在校外生產一線開展。經濟管理實驗教學平臺的開放性還體現在實驗教學隊伍的校內外一體化，一部分實驗教學隊伍來自於生產一線、具有豐富實踐經驗的行業專家。

（4）集成化突出

經濟管理實驗教學平臺具有集成化的特點，一方面平臺是各種教學資源的集成，這個平臺既包括教學內容、教學方法、教學思想、教學隊伍，還包括教學條件、教學設備、教學軟件、教學數據、教學案例等。另一方面經濟管理實驗教學平臺集成了服務對象的多樣化，在經濟管理實驗教學平臺中，可以開展經濟類實驗教學，也可以開展管理類實驗教學，把服務對象集約化、集成為不同學科的實驗教學服務。

1.3.3 經濟管理實驗教學平臺的類型

經濟管理實驗教學平臺很多，不同的劃分標準也會有不同的類型。

（1）根據平臺內容的物理特徵，劃分為硬性平臺和軟性

平臺

①經濟管理實驗教學硬性平臺

經濟管理實驗教學硬性平臺是經濟管理實驗教學的基礎，主要包括實驗設備、實驗軟件系統和實驗信息資源等。經濟管理實驗教學平臺建設應當遵循超前規劃、分步實施、綜合利用、講求效益，充分發揮硬性平臺的作用，避免硬性平臺建設中決策的盲目性以及投資的分散性與重複性。

設備主要包括主機系統（如主力服務器、專用服務器、UPS不間斷電源等）、網絡系統（如網絡交換設備、布線系統）、計算機、專用終端、配套設備（如投影儀、打印機、掃描儀、光盤刻錄機）、物理沙盤（如ERP沙盤、人力資源系統沙盤、房地產經營沙盤）等。

軟件系統包括系統軟件（如服務器操作系統、小型機操作系統、微機操作系統等）、應用軟件（即用於實驗教學或科學研究的經濟管理專業軟件或模擬軟件）、工具軟件（如管理軟件、防病毒軟件、測試軟件等）等。在建設經濟管理實驗教學硬件平臺的過程中，應摒棄使用盜版軟件，多渠道獲取（含購買、接受捐贈、自主開發等）合法正版軟件，堅決做到不侵犯軟件知識產權，杜絕盜版軟件解密不徹底或攜帶病毒所致麻煩。同時，應當充分考慮軟件的先進性、配套性、穩定性、實用性、共享性、漸進性以及售後服務。

經濟管理專業信息資源，即經濟管理實驗教學和科學實驗賴以完成的專業數據庫和專業信息庫，如社會經濟數據庫、CCER經濟研究數據庫、CSMAR系列研究數據庫等。經濟管理實驗教學平臺專業信息資源，就是根據經濟管理實驗教學、經濟管理科學研究和經濟管理實驗室管理工作需要，收集配備或開發經濟管理專業數據庫系統和信息庫系統。在經濟管理專業信息資源中，應特別注意加強經濟管理專業網絡信息資源，

及時捕捉互聯網上非線性的、動態的經濟管理專業電子信息，精選符合經濟管理實驗教學與研究主題範圍的電子信息資源，並對其進行篩選、分類、標引、註釋、評價，按學生、教師、科研人員熟悉的檢索習慣分類編排後，利用超文本連結技術對其進行虛擬連結，以營造一個經濟管理專業網絡信息資源信息庫，便於學生、教師、科研人員方便、快捷、全面、準確地檢索所需經濟管理網絡信息。

②經濟管理實驗教學軟性平臺

經濟管理實驗教學軟件平臺是硬件平臺發揮作用的各種軟性資源，軟件平臺包括教學平臺、管理與制度平臺、隊伍與技術平臺等。

教學平臺從內容上看包括經濟管理實驗教學課程體系、課程、教學內容、教學方法、教學監控等。從教學內容上看，教學平臺包括計劃內教學資源、開放實驗教學、創新創業教學、綜合實訓等；從教學資源看，教學平臺包括教學管理信息平臺、經濟管理實驗項目資源平臺、經濟管理實驗教材資源平臺等。

管理與制度平臺從經濟管理實驗教學單位組織角度看，包括宏觀管理體系與制度、內部管理組織與制度；從管理對象看，包括實驗室建設管理制度、實驗教學制度、實驗隊伍制度等；從管理效用看，包括懲罰性管理與制度、激勵性管理與制度、規範性管理與制度等；從管理體系看，主要包括各級政府及其職能部門頒發的規章制度、由學校制定的規章制度、由經濟管理實驗教學單位制定的規章制度等；從制度內容上看，主要包括實驗教學組織管理制度、實驗教學行政管理制度、實驗教學人事管理制度、實驗教學質量制度、實驗教學安全管理制度、實驗教學設備管理制度、實驗技術管理制度、實驗合同管理制度等。在管理與制度平臺運行的基礎上，還必須不斷提高執行經濟管理實驗教學規章制度的自覺性，加強監督和檢查，

重視管理人員的模範作用，有效保障和促進經濟管理實驗教學運行及其發揮對人才培養應有的作用。

　　隊伍與技術平臺一般包括隊伍平臺和技術平臺兩個方面。隊伍與技術是兩個相互依附的因素，隊伍是技術的保障，技術是隊伍質量與水準的表徵之一。根據經濟管理實驗教學運行的環節，隊伍平臺主要包括教學隊伍、管理隊伍、技術隊伍等方面。管理隊伍主要指經濟管理實驗教學過程中從事管理服務的工作人員構成的隊伍，如經濟管理實驗課程安排、質量監控、隊伍管理等。教學隊伍主要由從事經濟管理實驗課程教學、課程開展的教師組成，在大多數高校，一般這支隊伍既承擔理論教學，也承擔實驗教學任務。部分高校也培養形成了一批專門從事經濟管理實驗教學的專門化教學團隊。技術隊伍是經濟管理實驗教學管理過程中形成的專門從事技術的隊伍，通常包括經濟管理實驗教學過程中計算機、網絡、專業軟件、耗材準備等技術工作人員。但隨著經濟管理實驗教學內涵的擴展，其包含的技術也不斷發展演變，因此，技術隊伍從事經濟管理專業軟件開發、經濟管理信息資源管理和系統開發、經濟管理實驗教學方案設計等工作人員也劃為技術隊伍。隨著多學科的融合交叉，隊伍與技術平臺內容將不斷發展、演變和拓展。

　　（2）根據服務人才培養功能差異，經濟管理實驗教學平臺可分為實驗課程教學平臺、開放實驗教學平臺和創新創業實驗教學平臺

　　①經濟管理實驗課程教學平臺

　　在教學手段現代化趨勢下，公開課程資源、公開授課過程已成為全球教育界的共識。經濟管理實驗課程教學平臺也是通常說的第一課堂課程資源，在適應社會經濟快速發展、全球教育教學大進步、與信息大融合形勢下逐步建設和不斷完善。經濟管理實驗課程教學平臺是在遵循理論與實驗相對獨立的理念

下，經濟管理實驗教學在人才培養中的定位和作用指導下，形成的不同層次的教學資源和人才培養路徑，它是經濟管理實驗教學的物化形式與教學思想集聚成果，是人才培養過程中知識傳播、能力培養、實踐訓練的基本載體。其分為廣義的課程平臺和狹義的課程平臺。廣義的經濟管理實驗課程教學平臺包括所有與課程資源相關的軟、硬條件和隊伍，以及與課程相關的實驗項目、實驗教學體系、實驗教學環境等。狹義的經濟管理實驗課程教學平臺包括經濟管理實驗教學體系、經濟管理實驗教學課程、經濟管理實驗教學方法、經濟管理實驗教學模式、經濟管理實驗教學課程考核、經濟管理實驗教學課程要件、經濟管理實驗教學課程規範等。

②經濟管理開放實驗教學平臺

知識經濟和經濟全球化對高等學校人才培養工作提出了新挑戰，高等教育必須走開放教育之路，開放實驗是開放教育在實驗教學中的具體化。經濟管理開放實驗教學平臺是相對於傳統計劃內實驗教學而言的，強調實驗教學內容是課程延伸，實驗教學時間由師生自主確定，實驗教學場地相對靈活，也就是我們通常說的第二課堂，參與實驗教學學生打破專業、學院和年級等。經濟管理開放實驗教學具有開放性、自主性和靈活性等特點，可以充分發揮學生自主性，可以實現學生跨專業學習、跨時間選修，為培養寬知識、強能力的人才發揮重要作用，因此經濟管理開放實驗教學平臺與普通實驗教學平臺存在一定差異。經濟管理開放實驗教學平臺包括主體、客體和對象三方面，也即開放實驗師生主體、開放實驗時間和空間、開放實驗教學項目和教材等資源。具體看，經濟管理開放實驗教學平臺包括經濟管理開放實驗教學體系、經濟管理開放實驗教學項目、經濟管理開放實驗教學質量監控、經濟管理開放實驗教學隊伍、經濟管理開放實驗教學信息系統、經濟管理開放實驗

教學管理與制度保障等。

③經濟管理創新創業實驗教學平臺

中國高等教育大眾化要求高校創新創業教育與專業教育結合，面向全體學生，融入人才培養全過程。由於經濟管理實驗教學與社會經濟緊密結合，與創新創業教育結合具有其他學科無法比擬的優勢，也是最近幾年國內高校經濟管理實驗教學中形成的一個新領域——經濟管理創新創業實驗教學。經濟管理創新創業實驗教學是創新創業教育與實驗教學結合，創新創業教育與專業實驗教學結合，實踐實訓與創新創業結合的產物，在某種程度上可稱「第三課堂」。經濟管理創新創業實驗教學平臺包括經濟管理創新創業主體、經濟管理創新創業實驗教學資源、經濟管理創新創業實訓條件、經濟管理創新創業專業競賽、經濟管理創新創業指導團隊、經濟管理創新創業實驗教學空間與場地、經濟管理創新創業實驗教學管理等。

1.4 經濟管理實驗教學平臺建設現狀及發展思路

1.4.1 經濟管理實驗教學平臺建設現狀與問題

實驗教學平臺是各學科實驗教學的基礎，是培養學生創新能力和實踐能力的載體。它既是物化的形式，也是思想的集成。通過長期建設，特別是近十年來，通過各級示範中心和重點實驗室建設，實驗教學平臺硬件條件和技術環境都有了大大的提升，實驗教學內涵也不斷豐富拓展。經濟管理實驗教學起步較晚，但近十年來發展很快，在實驗教學資源、實驗教學軟件、實驗教學場地、實驗教學環境等方面有了長足發展，能很

好地滿足經濟管理人才培養需要。特別是通過幾輪示範中心建設，有29所高校擁有國家級經濟管理實驗教學示範中心或建設單位，形成了全國各具特色的國家級經濟管理類實驗教學示範中心和一批省級實驗教學示範中心；逐漸形成專業水準高的經濟管理實驗教學隊伍，對國家級實驗教學示範中心隊伍統計，高級職稱超過70%；形成了分層次、模塊化，與理論教學相對獨立的經濟管理實驗教學體系；實驗教學資源豐富，購置了國內外經濟管理數據庫、案例庫；探索形成了相對完善的制度保障和管理保障。但經濟管理實驗教學平臺建設仍然存在一些問題，突出表現在以下幾個方面。

（1）重視程度普遍不夠，建設理念較為落後

中國高校普遍存在重視理論教學輕視實驗教學、實驗教學依附於理論教學等陳舊觀念。實驗教學中心一般也被認定為教輔單位，在校內地位較低、甚至可有可無。經濟管理實驗教學中心更是備受歧視，一些人認為經濟管理專業根本不需要開設實驗課程。目前，這些觀念和認識對經管類實驗教學平臺的建設和發展形成了不少的阻礙和阻力，直接後果是教育主管部門和高校對經濟管理類實驗教學平臺的建設經費投入不足，相關激勵或獎勵政策往往將實驗教學排除在外，更談不上對實驗教學實施特殊優惠政策。許多高校在具體的實驗室建設和實驗教學過程中，局限於封閉的實驗室建設模式，閉門造車，沒有很好地與社會、與企業結合，實驗教學基本上是在固定的場所利用計算機模擬進行，既不能讓學生有身臨其境的立體模擬感受，也不能保證實驗環境、實驗教學內容等不斷更新與完善，實驗教學效果可想而知。

（2）實驗教學體系缺乏系統性，教學資源缺乏融合性

系統的實驗教學體系應該充分體現三個適應：與理論教學體系相適應，與人才培養目標相適應，實驗課程之間相互適

應。目前，經管類實驗教學體系還很難與理論教學體系真正做到相輔相成，實驗課程與理論課程之間的矛盾普遍存在，實驗課程的設置沒有充分考慮學生能力培養的需要，難以形成基於能力培養的系統體系。例如在學科綜合實訓和創新創業教育方面，雖然人們都承認其對學生能力培養的重要性，但目前高校在相關課程設置、綜合實訓基地和創業基地建設等方面卻十分薄弱。實驗課程之間相互脫節和重複的情況也普遍存在，從而也使得實驗教學體系缺乏系統性。長期以來，經濟管理類專業受實驗教學內容和教學方法的局限，加上各學科專業分工細、口徑窄，附屬於各專業課的實驗課教學內容單一，缺乏綜合性、創新性實驗教學內容，因此，在經濟管理類專業實驗教學平臺建設中，普遍存在僅僅從各專業實驗教學的單一目標要求出發，進行相關實驗室硬件和軟件建設的情況。各個專業實驗室的實驗教學資源處於相對孤立、分割的狀態，實驗教學資源缺乏有效的整合與配置，使實驗教學資源建設存在一定的浪費，沒有很好地融入學科建設之中。同時，由於缺乏深入廣泛的校企合作，高校在實驗教學中引入的優質社會資源也相對偏少。

（3）硬件建設發展較快，軟建設滯後、利用不充分

理工科實驗平臺建設起步早，形成了很多經典性實驗和理念，且理工科實驗專業性強，設備儀器投入要求高，設備共用性、共享性差，一個實驗項目可能就需要一臺專門的儀器設備，且難以與其他實驗項目共用。經濟管理實驗教學發展較晚，在建設之初較多借鑒其他學科，特別是理工科實驗室及平臺建設的經驗和辦法。目前，經濟管理實驗教學平臺普遍存在以硬件建設為重點，以硬件建設投入占主要，而經濟管理實驗教學必需的教學資源、教學隊伍、技術隊伍、教學方法和模式等軟內容建設相對於硬件滯後。很多學校出現建設的經濟管理

實驗室，由於軟內容建設滯後，而出現利用率不高，在人才培養中沒有真正發揮作用。經濟管理實驗教學平臺建設的目的是支撐經濟管理專業人才培養目標，但一直以來，開設經濟管理類專業的學校多，基本上形成了「無校不經管」的現象，認為經濟管理專業人才培養是課堂上講講、校外去看看就可以培養優秀的經濟管理類人才，不重視經濟管理專業人才對實踐、實訓的需求。因此，應對各種專業建設、學校評估等，學校會對經濟管理實驗教學平臺硬條件進行一定投入，並希望這些投入是有形的，是可以觀看、可以摸得著的設備和儀器，既提高了學校生均設備值，也擴大了實驗室空間，但由於不重視與相應實驗條件相匹配的、甚至適當超前的實驗教學項目設計、實驗教學方法研究、實驗教學隊伍建設，出現有設備、有軟件，而沒有充分利用，沒有真正發揮效用。

（4）平臺建設的同質化嚴重，特色不突出

經濟管理專業實驗教學平臺在有相關專業的學校逐步建立，在各自高校都形成一定實驗室規模和資產價值的經管實驗教學硬平臺，形成了具有一定規模的經濟管理實驗教學隊伍。但各高校經濟管理實驗教學平臺同質化突出，表現為無論是中職學校、高職學校、應用型本科院校，還是研究性大學，平臺多以「軟件＋計算機」為主，輔以沙盤等其他形式的經濟管理實驗教學環境。經濟管理實驗教學方法落後，缺乏專門的經濟管理實驗教學隊伍，實驗項目驗證和流程操作性多，這都是目前各高校實驗教學缺乏特色的表現。由於各高校人才培養目標不同、各學校學科優勢不同、人才培養定位不同、服務區域不同，在經濟管理實驗教學平臺建設中，應緊密結合學校學科特色、人才培養目標、社會服務領域，形成各具特色的經濟管理實驗教學平臺。

1.4.2 經濟管理實驗教學平臺建設原則

經濟管理實驗教學平臺建設是一項涉及內容豐富，影響人才培養質量的重要工作，為保證平臺建設的科學性，應堅持以下幾項原則。

（1）科學統籌原則

經濟管理實驗教學平臺建設是充分發揮其在培養高素質應用型、創新性人才中重要作用的基礎。經管類實驗教學平臺建設應立足於本校學科專業發展的全局，立足於學生創新精神、創造能力和實踐能力的培養，從實驗教學體系建設、硬件建設、師資隊伍建設、開放管理等方面進行全面統籌考慮、整體架構和超前設計。實驗教學平臺的佈局應體現時代特點，具有超前意識。實驗教學平臺建設應融入學校教育事業發展規劃和學科專業建設規劃之中，為學校的改革發展與人才培養奠定基礎。實驗教學平臺建設還要符合高等教育信息化、現代化、國際化的發展趨勢，為實驗教學平臺的進一步發展留足空間，保證其建設的科學性和可持續性。

（2）系統性原則

經濟管理實驗教學涉及內容多，既有硬件實驗教學條件，又有軟的教學資源；既包括物化的教學資源，又有實驗教學隊伍；既有傳統技能訓練，又有信息技術融合的操作練習；既有制度保障，又有資金支持等。因此，經濟管理實驗教學平臺建設要堅持系統性原則，統籌好各方面的條件和資源，注重硬條件與軟建設協調，注重教學內容與教學隊伍協調，注重校外基地與校內實驗協調，注重資金保障與適度超前協調，注重能力培養與技能訓練協調。

（3）能力本位原則

教育部啟動實驗教學示範中心建設的首要目的就是要轉變

傳統的重理論輕實踐的觀念，樹立以學生為本，知識傳授、能力培養、素質提高、協調發展的教育理念，確立以能力培養為核心的實驗教學觀念。因此，對於高校經濟管理實驗教學平臺建設，應努力探索建立以能力為本位的經濟管理實驗教學體系和教學模式、實驗教學資源、實驗教學環境等，優化實驗課程體系和實驗項目，不斷增加綜合性、設計性、創新性實驗課程或項目，改革實驗教學方法和考核評價方式，探索新的教學資源建設路徑，充分調動和發揮學生的主動性、積極性，以有利於培養學生實踐能力和創新能力，優化各教學環節和教學平臺建設。

(4) 資源共享原則

經濟管理實驗平臺建設和實驗教學應打破由院（系）以及專業教研室分割而壘起的「實驗室高牆」，對實驗室的資源進行重新整合與優化配置，通過校企合作等多種途徑從企業引入優質資源，做到對內整合，對外延伸。實驗室除滿足各專業的實驗教學需要之外，還可支持教師和學生的科學研究，從而提高教師的專業知識應用能力，改變教學中不合理的知識傳授結構。實驗教學平臺還可為社會服務，為企業培訓提供案例、數據資源和場所，進而提高實驗室和實驗資源的利用率，增強實驗資源的規模效益。

(5) 軟硬資源一體原則

在高校經濟管理實驗教學平臺的建設中，既要重視實驗室硬件建設，更不能忽略「軟」建設。重視「軟」建設，一是要重視實驗教學，避免出現重實驗室建設，輕實驗教學的情況，改變只管建、不管用的傾向，努力提高實驗資源的利用率，提高實驗教學效率。二是要重視實驗室管理，加強對實驗室資產、實驗室運行、實驗室人員、實驗室考核等管理。三是要重視軟性實驗教學資源的開發與建設，這裡的軟性實驗教學

資源除了實驗教學軟件之外，還包括實驗案例庫、實驗數據庫等。四是重視實驗教學中「人」的因素，充分發揮實驗教師和學生的積極性、主動性和創造性。

(6) 開放互動原則

經濟管理實驗教學平臺建設要堅持開放性原則，保證人才培養要求。主要體現在人才培養與社會需求的開放互動、實驗教學與理論教學的開放互動、學校與社會（企業或政府）的開放互動、教師和學生之間的開放互動。

(7) 集成化原則

經濟管理實驗教學平臺是各種教學資源的集成或集約，既包括教學內容、教學方法、教學思想、教學隊伍，還包括教學條件、教學設備、教學軟件、教學數據、教學案例等。經濟管理實驗教學平臺服務對象多樣化，也就是在經濟管理實驗教學平臺中，可以開展經濟類實驗教學，也可以開展管理類實驗教學。隨著內容的擴大，經濟管理實驗教學平臺還是其他不同學科教學、研究的承載平臺。因此，經濟管理實驗教學平臺建設要堅持集成化原則，實現教學資源的高效化。

1.4.3　經濟管理實驗教學平臺建設思路

結合實驗教學平臺建設原則，經濟管理實驗教學平臺建設總體思路是充分把握未來發展趨勢，樹立具有時代特徵的新型教育理念和人才培養觀，建立以培養學生實踐能力、創新能力和提高教學質量為宗旨，準確定位經濟管理實驗教學平臺建設目標，以改革創新為核心，以實驗資源開放共享為基礎，以高素質實驗教學隊伍和完備的實驗條件為保障，創新管理體制機制，全面提升實驗教學水準和實驗室使用效益。具體體現為以下幾方面：

(1) 建設目標：培養和提升學生實踐能力和創新創業能力

經濟管理實驗教學平臺建設是人才培養的重要支撐和保障。平臺建設過程中，要以培養和提升學生實踐能力和創新創業能力為中心，樹立全員、全程育人的理念，在經濟管理實驗教學的所有過程中，服務於學生。要充分依託學生，調動和發揮學生主動性，讓學生積極參與和投入到教學實驗中，在實驗中實現知識傳授和理論創新，實現培養學生創新創業能力的實踐能力的目標。

(2) 建設路徑：理論實驗結合、模擬實戰結合、專業創業結合、教學科研結合、一二課堂結合、學校企業結合

經濟管理實驗教學平臺建設要堅持理論與實驗結合，既注重理論建設，又應用理論創新實驗，還要通過實驗創新經濟管理學科理論，培養學生理論創新的實驗手段能力；經濟管理實驗教學平臺建設，要樹立實驗教學和理論教學同屬於學生能力培養的兩種途徑、相輔相成、協調發展的理念，在平臺建設過程中，構建理論教學與實驗教學並重、統籌協調的實驗教學體系，形成支撐人才培養的重要實驗教學路徑。經濟管理實驗教學平臺要逐步去虛擬化，實現模擬與實戰的結合，讓學生在校內實驗室參與經濟管理實戰，在實戰中鍛煉和提升實踐能力；經濟管理實驗教學平臺建設，要把企業行業的真實數據、案例納入實驗教學內容，引入課堂中，通過實戰教學讓學生切身感受到某行業的整個業務流程，真正實現實驗內容由模擬到仿真甚至全真的發展，縮短經濟管理專業學生工作適應期。經濟管理實驗教學平臺建設要適應人才的大趨勢，充分把握目前創業教育的新要求和需要，進一步強化專業實驗教學與創業教育結合；經濟管理實驗教學平臺建設要在專業教育中融入創業意識的培養和創業知識的傳授，創業教育中提升學生的專業技能，

專業技術的訓練和培養中增強創業能力，實現專業能力提升與創業能力培養相互促進、相互推動。經濟管理實驗教學平臺的建設要應用科研成果，反饋於實驗教學中，實現科研促進教學、教學補充科研的良性互動局面；經濟管理實驗教學平臺建設要注重實驗教學和科研資源共享，打破科研與教學資源兩條線、各建各的現狀，實現實驗資源在教學和科研上共享、共用，共同育人、共出成果，做到實驗教學為科研培養人才，科研成果轉化為教學內容和實驗項目。經濟管理實驗教學平臺建設要突破課程教學的範疇，把實驗教學延伸到第二課堂，實現實驗教學一課堂與第二課堂的有機結合，做到學生第一課堂學基礎與理論，第二課堂發展興趣促創新；經濟管理實驗教學平臺的建設要重視第二課堂的實驗教學活動，彌補第一課堂的不足，做到兩個課堂互動交融；要滿足學生一二課堂的需要，開發實驗課程，開放實驗資源，特別是要拓展創新創業實驗教學的內容，實現同時培養專業實踐能力和創新創業能力的目標。經濟管理實驗教學平臺建設要充分汲取社會實踐資源，打破封閉式建設模式，充分應用校外企業、事業單位等機構對實驗教學的補充，形成實驗教學資源來源於校外、應用於課堂，建設經濟管理實驗教學校外實驗室，形成校企互動、互為資源，共同培養人才的格局。

（3）建設內容：實驗課程教學平臺、開放實驗教學平臺和創新創業實驗教學平臺

經濟管理實驗教學平臺建設內容主要包括實驗課程教學平臺建設、開放實驗教學平臺建設和創新創業教學平臺建設。實驗課程教學平臺是經濟管理實驗教學建設的核心，是培養學生實踐能力和創新創業能力的載體，它包括支持不同能力培養和知識傳授的實驗項目和實驗課程，以及由此按規律或層次構成的實驗課程體系。開放實驗教學平臺是實驗教學一二課程結

合、模擬與實戰結合、校企結合的重要載體和體現，開放實驗教學平臺包括構建完善的開放制度、建設開放實驗課程和項目、組建開放實驗「雙師型」指導隊伍，開展與專業緊密結合的學科競賽和論壇等。創新創業實驗教學平臺是實驗教學的提升和最高層次，它包括培養創新創業能力的一二課堂實驗教學、創新創業模擬訓練、創新創業實戰等，它需要充分與專業實驗教學相結合，實現專業能力培養與創新創業能力培養融合。

(4) 建設保障：隊伍、管理、條件和監控四位一體

實現經濟管理實驗教學平臺建設目標和內容，需要經濟管理實驗教學隊伍保障、管理保障、條件保障和監控保障等。管理保障是實現平臺建設的重要支撐，是實驗教學平臺建設和實驗教學運行的前提，它包括實驗教學管理體制、教學運行管理、實驗設備管理等。實驗教學隊伍保障是實驗教學的根本和關鍵，沒有優秀的實驗隊伍，難以支撐經濟管理實驗教學平臺，它包括隊伍組成、隊伍結構、隊伍素質，以及隊伍與實驗教學平臺協調、隊伍的培訓和提升機制等。實驗條件保障是經濟管理實驗教學平臺建設的基礎，沒有條件保障，實驗教學也就「巧婦難為無米之炊」，實驗條件包括經濟管理實驗教學平臺需要的實驗設備、實驗軟件、實驗資源等。監控機制保障是經濟管理實驗教學平臺高效運行的重要手段，它是保證實驗教學質量和實驗教學效果的關鍵。缺少監控機制，就難以保障實驗教學條件的有效利用、實驗教學內容的順利開展和實驗教學組織的有序進行。

第 2 章

經濟管理實驗課程教學平臺建設

　　實驗課程建設是實驗教學建設的核心，是深化實驗教學改革，提高實驗教學水準，提升人才培養質量的關鍵。近十年來，隨著各高校對經濟管理實驗教學地位認識的轉變，經濟管理實驗教學取得了長足的發展，成效也十分顯著。許多高校構建了分層次、模塊化的實驗課程體系，部分高校打造了系列跨學科、跨專業的綜合實訓課程平臺，也有部分高校開始構建創新創業實訓教學平臺。

　　但是，經濟管理實驗教學在取得巨大進展的同時，仍然存在諸多問題，重點表現在內涵建設不足，實驗課程體系和實驗項目內容需要不斷完善，實驗教學方法需要不斷改革，實驗教學團隊需要不斷打造和優化。因此，探討實驗課程教學平臺建設具有十分重要的意義。

2.1　經濟管理實驗課程教學平臺概述

2.1.1　基本概念

（1）實驗課程的概念

①課程的概念。「課程」一詞來源於拉丁文詞根，指「跑道」（Racecourse）。學校的課程對大多數人來說體現為像跑道那樣的東西，甚至有的專業教育者也認為，課程是比較標準的場地，學生在上面跑向終點（獲取文憑）。那麼，當你發現當前許多課程概念牢固地根植於這樣的見解，即課程是所要掌握的學科內容的「跑道」，就不應當感到奇怪了。

在教育學中，「課程」是一種很難下定義且極易產生歧義的概念，如不同的觀點分別認為課程是學習方案（Program of Studies）、課程是學程內容（Course Content）、課程是有計劃的學習經驗（Planned Learning Experiences）、課程是預知的學習結果的構造系列、課程是（書面的）活動計劃等。

塔巴（Taha）發現，課程的這種極其寬廣的經驗定義毫無作用。她覺得若把陳述目標和內容概要之外的其他方面都從課程定義中排除掉，並且拋棄那些使學習經驗條理化的任何東西，就可能使研究領域過於狹窄而不能勝任現代課程研究。她認為嚴格區分方法和課程似乎毫無成效，但在課程編製中所涉及的學習過程和學習活動的各方面與能劃歸於具體教授方法領域的那些方面之間，是需要作一些區分的。只有一些目標能由課程內容的性質、課程內容的選擇和組織來完成，其他目標則只能由學習經驗的性質和組織來完成。塔巴的成功之處在於把課程所涉及的學習過程和學習活動的各方面與教和教學領域內

特有的那些方面區分開來。然而，塔巴關於課程概念的建議和重點是把目的、內容和方法這些更廣泛（即更一般）的方面歸屬於課程的範圍，而把更直接、更具體的方面歸屬於教和教學更為適當。

　　課程概念的多樣性是必然的，對課程評價活動來說，最有用的定義要包括學習者已經獲得的經驗，不管是有計劃還是無計劃的。在課程的計劃階段不可能使用包含著已經獲得的經驗的定義，而只能是包含著預期內容和活動的定義，這樣就會產生出有計劃的（期望中的）經驗。此外，在計劃階段，把課程概念化為活動計劃的確定的書面文件似乎是合理的。關於「課程」的定義目前至少有幾十種，這一概念在內涵和外延上的複雜性由此可見一斑。

　　目前，中國在研究課程中，比較傾向地認為課程是指學校按照一定的教育目的所建構的包括各學科和各種教育、教學活動的系統。廣義講，是學校為實現培養目標而選擇的教育內容及其進程的總和，它包括學校所教的各門學科和有目的、有計劃的教育活動，其中包含了宏觀課程與微觀課程。微觀課程的研究是指分別對各自獨立的教學科目或學科的研究。宏觀課程的研究是指對課程總體的研究，在高等學校可以指某一專業的課程體系，也可以指整個學校共同的課程體系。宏觀課程研究所包含的內容有每門科目或教學活動在達到培養目標中的地位與作用、不同科目和教育教學活動之間的縱向和橫向關係以及編排原則等。

　　②實驗課程的概念。從實驗教學角度探討的實驗課程本質上還是課程的一類，只不過是以實驗教學這種有別於理論教學的教學形式開展教學的特殊類型的課程。同時，這類課程又具備教學範疇的實驗的幾個維度特徵。實驗教學課程主要指依據實驗教學大綱規定，按照實驗項目的任務，在實驗室借助一定的實驗教學設備、軟件或場景才能開展的，為達到實驗項目目

的的，在教師組織和指導下，學生根據實驗指導書內容進行的教學活動。

（2）實驗課程建設的概念

按照有關研究理論，課程建設是指課程管理主體對各專業教學科目、教學活動、教學情境及其進程和學校教育情境的規劃設計、組織實施、監控協調過程。課程建設有廣義與狹義之分。狹義的課程建設是把學科建設中所取得的已成熟的學術成果作為一種知識體系，按照接受對象的情況和人的認識規律編寫成教材，並通過各種教學手段傳授給學生的一種活動。

實驗課程建設是指作為實驗教學管理主體的部門或單位對各專業的實驗科目、實驗教學活動、實驗室及其設備、軟件等條件的規劃設計、組織實施、協調監控的過程。

（3）實驗課程教學平臺的概念

①課程平臺。課程平臺在國內外研究中很難找到相應的準確概念。一些文章有課程平臺的提法也僅僅是從設計一個網絡課程生成系統的角度，為不能利用信息技術製作網絡課程的教師製作單門課程服務的課程平臺，即具有網絡教學平臺的基本功能。落腳點是為了向社會公眾提供開放式的課程資源和教學支持，使廣大的學習者可以自主選擇學習課程，滿足學習者自我設計和終身學習需要的模塊化、多層次、多通道的立體化課程平臺，主要強調其開放性功能。

②經濟管理實驗課程教學平臺。本書探討的實驗課程教學平臺作為課程平臺，也應當具備網絡教學平臺的基本功能和特徵，即包含平臺的技術服務和業務服務功能，但更重要之處在於：首先，實驗課程平臺是專門針對實驗課程的，具體功能必須滿足實驗課程教學的特殊性。更重要的是，本書探討的平臺是指從實驗課程滿足整個實驗教學活動和實現實驗教學目標角度的完整的系統，包含了實驗教學的團隊、實驗教學內容、實

驗教學方法、實驗教學軟硬件條件、實驗教學管理、實驗教學質量保障等諸多方面有機協調構成的一個整體系統，其中實驗教學內容、實驗教學方法是該系統的核心。

2.1.2　經濟管理實驗課程教學平臺建設的內容

實驗課程建設是深化實驗教學改革，提高實驗教學質量的一項綜合性整體建設工作，經濟管理實驗課程建設也不例外。深入開展經濟管理實驗課程建設的研究和實踐，對提高經濟管理實驗課程建設質量、深化經管學科教學改革和人才培養將起到重要的推動作用。探索和明確經濟管理實驗課程建設的內涵，是開展經濟管理實驗課程建設的基礎。經濟管理實驗課程建設主要包括以下內容：

（1）實驗師資隊伍建設

實驗師資隊伍建設是實驗課程建設的先導，其建設內容主要包括師資隊伍的學歷結構、年齡結構、職稱結構和學緣結構，以及學術水準、實驗教學水準、教育理論和思想素質等。要建設具有一流水準的實驗課程，首先要有具備一流的學術水準、豐富的實驗教學經驗、深厚的教育理論功底、紮實的實驗教學技能、嚴謹的治學精神的實驗師資隊伍。

（2）實驗教學內容建設

實驗教學內容建設是實驗課程建設的核心和主體，也是衡量實驗課程建設質量的主要標準，其內容主要包括教學思想的改革與建設、課程體系建設、具體教學內容建設、實驗教材建設、實驗教學資源建設等內容。

（3）實驗教學方法和手段建設

實驗教學方法和實驗教學手段建設是實現實驗課程建設目標的主要途徑和基本保證。在實驗課程建設中，要緊緊圍繞提高實驗教學質量、加強素質教育和培養學生能力，結合專業特

點、實驗教學內容積極開展現代化實驗教學方法、實驗教學手段的研究與改革，確保實驗課程建設質量。

（4）實驗教學條件建設

實驗教學條件建設是實驗課程建設的重要保證，主要包括實驗室軟硬件、實驗教學環境和實驗教學氛圍等建設。

（5）實驗教學管理建設

實驗教學管理是課程建設的組織保證，主要包括科學、規範、系統和配套的實驗教學管理規章制度、實驗教學質量評價體系、實驗教學檔案資料和實驗教學激勵機制等內容的建設。隨著實驗課程建設的發展和提高，不斷提高實驗教學管理水準，才能科學評價實驗教學質量，確保實驗課程建設的內容健康發展。

本章重點對實驗課程內容、實驗教學方法和實驗課程管理等方面進行探討。

2.1.3　經濟管理實驗教學課程平臺建設的現狀

（1）經濟管理實驗課程平臺建設成效

近幾年來，各高校經濟管理類專業對實驗教學的觀念發生了重大變化，逐步認識到實驗教學是不可或缺的重要教學類型，並以國家級和省級經管類實驗教學示範中心建設為契機，投入大量資金建設實驗室和實驗教學軟硬件條件，圍繞實驗課程大力推動實驗教學團隊建設，開展了大量的實驗教學研究，使經濟管理實驗教學取得了長足的發展，成效十分顯著。主要體現在以下幾個方面：

第一，設置了獨立的實驗課程，形成了相對完善的實驗課程體系。各示範中心及部分相關高校初步建立起了與理論課程體系協調又相對獨立的經濟管理實驗課程體系，並實施了實驗課程建設和教學。

第二，打造了一系列跨學科、跨專業的綜合實訓課程平臺。經管類專業跨學科綜合實訓平臺成為經管類實驗教學示範中心近幾年打造的實驗教學平臺重要內容。廣東商學院、北京工商大學、重慶工商大學、貴州財經學院等多所國家級經濟管理實驗教學示範中心打造了跨學科綜合實訓課程，作為畢業生畢業實習前的校內實訓，對學生知識綜合應用能力、實踐和創新能力、團隊精神培養起到十分重要的作用。

第三，不斷提升創新創業實訓平臺。創業教育成為世界教育發展的方向，西方發達國家目前已經成為相對獨立的學科分支，美國已將創業教育納入國民教育體系。當前中國創業教育在理論、實踐和政策等方面快速發展，在國家政策支持和國家中長期教育改革與發展綱要的指導下，黑龍江大學、上海交通大學、中山大學、江西財經大學等著名高校很早就設立了創業教育學院等專門的創業教育機構，搭建了創業實訓平臺。2011年以來，以成立創業教育學院為載體的創業實訓平臺如雨後春筍不斷湧現，創業實訓平臺的不斷發展，已經成為學生創業實踐的重要載體。

（2）經濟管理實驗課程教學平臺建設存在的主要問題

經濟管理實驗課程教學平臺在取得巨大進展的同時，目前仍然存在諸多的問題，重點表現在內涵建設不足，創新創業教育尚需長足建設。主要體現在：一是實驗課程體系尚需不斷完善。許多高校雖然建立了獨立的實驗課程體系，但不少實驗課程的設立缺乏科學論證，課程之間存在交叉重合等問題，需要對體系進行重構，整合現有實驗課程。二是跨學科綜合平臺建設還不夠深入和完善，對應的實驗教學團隊還不夠合理。三是創新創業平臺的打造目前大都處於起步階段，需要經過長時間的探索和建設。這些正是探討實驗課程教學平臺建設的重要意義所在。

2.2 經濟管理實驗課程內容建設

2.2.1 經濟管理實驗教學課程內容概述

(1) 經濟管理實驗教學課程內容的含義

宏觀上講，實驗課程內容是指實驗課程體系；微觀上講，實驗課程內容就是某一實驗課程的實驗教學內容，即每門實驗課程及課程包含的實驗項目的內容。實驗課程體系是該專業所有實驗課程及項目按照人才培養目標邏輯關係構成的課程系統。實驗課程體系建設是從整體上建設實驗課程的內容，而具體的實驗課程則是具體的人才需求培養目標的實驗教學內容。每門實驗課程的教學內容主要包括教學思想的改革與建設、知識內容建設、實驗教材建設、實驗教學資源建設等方面。

(2) 經濟管理實驗教學課程內容建設的意義

教學內容建設是課程建設的核心要素。在課程建設過程中，要以專業培養目標為依據，同時結合專業特點、辦學層次以及各門課程在整個培養計劃中所處的地位。實驗課程是整個教學體系的重要組成部分，對實驗課程內容及其結構進行整體優化和改革，圍繞知識、能力、素質三位一體思路，構建新的實驗課程體系、整合實驗課程、完善實驗項目內容具有相當重要的作用。先進、合理、系統的實驗課程與項目內容是實現人才需求培養目標的關鍵。通過管理學實驗、會計學實驗、統計學實驗、管理信息系統實驗、計量經濟學實驗等經管類學科基礎的重點打造，滿足經管類專業通過實驗教學對「厚基礎、寬口徑」的人才要求；通過綜合性、設計性、研究型和創新型實驗項目與課程，培養學生的創新精神與創新實踐能力。

2.2.2 基於能力為核心的目標導向的經濟管理實驗課程內容建設

課程體系直接服務於人才培養目標，課程體系的形成必須圍繞培養目標的實現，實驗教學內容的構建也必須緊緊圍繞人才培養目標，人才培養目標是確定實驗教學目標的根本依據。

（1）以能力為核心的實驗教學目標

所謂能力，是指個體在活動中表現出來的並影響活動效率的心理特徵，客觀表現為一個人運用知識和智力順利完成一項工作任務的本領。就專業能力而言，就是應用專業知識去分析問題和解決實際問題的能力。能力可分為一般能力和特殊能力，個體完成一切活動都必須具備的能力叫一般能力，也稱為通用能力，包括：思維能力、觀察能力、語言能力、想像力、記憶力、操作能力等；個體從事某種專業活動應具備的各種能力的有機結合而形成的能力稱為特殊能力，其特徵是專業知識和專業能力的融通和結合。

實驗教學目標是師生通過實驗教學活動預期達到的結果或標準，是學生通過實驗以後將能做什麼的一種明確的、具體的表述。主要描述學生通過實驗後預期產生的行為變化，實驗教學目標必須以教學大綱所限定的範圍和各學科內容所應達到的深度為依據，必須服從、服務於人才培養這個總目標。目前，培養知識、能力、素質三位一體的高素質應用型、複合型人才是眾多高校公認的人才培養目標，實驗教學是實現該目標的一種重要途徑，而通過專業實驗教學體系確定的實驗課程教學對能力的培養更是至關重要，人才培養目標的核心是能力培養。因此，必須以能力為核心開展經濟管理實驗課程內容建設。

以能力培養為核心的實驗教學目標對落實實驗教學大綱、制訂實驗教學計劃、組織實驗教學內容、明確實驗教學方向、

確定實驗教學重點、選擇實驗教學方法等起著重要的導向作用。在以能力為核心的目標導向指導下，以能力為中心設計課程體系，以能力為目標改進教學方法，以能力為標準建立綜合教學考評體系。下面將就經管類基於能力為目標導向的實驗課程體系構建進行探討。

（2）基於能力為核心的目標導向的經濟管理實驗課程體系構建

站在學科和專業角度，要建設實驗課程內容，首先要明確建設實驗課程之間的邏輯關係，也就是首先要建立起專業實驗課程體系，再具體建設每一門課程。而課程的確立不是憑空的，必須依據人才培養目標，必須基於目標導向來設計實驗課程，由人才需求確立的培養目標體系來構建實驗課程體系。我們把實驗課程確立（實驗課程體系構建）和每門課程具體項目設計建設都視為實驗課程內容建設的範疇。實驗教學體系設計應遵循能力培養目標導向原則，即以各專業培養目標（能力）需求標準為依據設計實驗項目和實驗課程。體系構建過程如下：

①實驗課程體系建設思路

在設計專業實驗課程體系時，首先，應該對專業人才需求進行充分調研，特別是社會對各專業人才的培養目標（能力）需求內容；其次，根據調研情況歸納提煉成專業培養目標（能力）標準；再次，根據培養目標（能力）標準設計實驗項目；最後，將若干實驗項目按照一定邏輯整合成實驗課程。若干實驗課程構成某一專業的實驗課程體系。具體流程如下：

人才需求調研──→提煉能力標準──→設計實驗項目──→整合實驗課程，構建獨立的實驗課程體系。

②實驗課程體系建設過程

第一步：專業人才培養目標（能力）需求調研

只有採用科學的調研方法，確定合理的調研對象，廣泛開

展需求調研，才能準確掌握專業人才需求，制定合理的人才培養目標。調研對象應當包括在校高年級本專業學生、已經畢業且在對應工作崗位的本專業學生、企事業相關工作崗位的人員、社會相關諮詢機構等，調研的手段可以是問卷、召開座談會、網絡等媒體進行相關數據的統計。重點是社會及用人單位對本專業畢業生專業培養目標（能力）的需求，不同的專業培養目標(能力)重要性以及相近專業人才培養目標(能力)差異點。

以重慶工商大學工商管理專業實驗教學體系構建為例。該專業在構建實驗教學體系過程中，項目組分別進行了行業需求調研、畢業生需求調研和在校生調研。圍繞工商管理專業學生到底應具備怎樣的知識、能力和素質，通過對區域內的汽車、房地產、管理諮詢、通信技術、物流等行業的多家企業的高管或人力資源部門負責人的訪談，瞭解到現代企業對在高校工商管理專業的學生培養存在以下要求：

一是高度重視理論與實踐的對接。企業呼籲高校應重視和加強與企業之間的聯繫。

二是需加強對基本技能的訓練。應提高學生的基本技能，例如對財務會計知識的應用能力、公文寫作的能力、計算機能力、英語能力等。

三是應注重對學生傳統文化的培養。

四是要培養學生具有良好的思想品德與敬業精神。具體到工商管理畢業生方面，經訪談後發現，對社會的接觸、對實踐工作的專業領悟、對實踐活動的信心和熟練程度、適應新環境的能力等被企業普遍看重，企業對工商管理人才需求的反饋要求歸根究柢都落在實踐性的學習上。

在對在校生問卷調查中發現，相當一部分學生認為工商管理專業課程內容空泛，認為需要改變課程設置，增加實驗實踐課程，側重運用。主要原因還是在於所學專業知識中技能過

少，而學生又缺乏對實踐的體會。

對目前在校 2008 級和 2007 級工商管理專業的實踐教學和實驗課程的學習體會和學習要求進行座談。在座談會上，學生代表結合自己的實踐經歷和學習體會，在肯定實驗教學的作用時，仍然反應：一是缺乏技能培訓，缺少管理實踐能力；二是缺乏對理論知識進行綜合運用的鍛鍊；三是希望能夠更多地走出校園，參加和融入真正的社會實踐活動中去。

基於對工商管理實踐活動的重要性和特殊性的認識，以及對學生在實踐教學中表現出渴盼的理解，我們認為實踐教學環節不僅在工商管理本科教育中要得到足夠的重視，更應在實踐教學的方式和方法上不斷創新，彌補理論教學和傳統實踐教學方式的不足，才能培養出具有職業經理能力的工商管理畢業生。

以上調研獲取的信息都對工商管理專業實驗教學培養目標構建提供了有力的支撐。當然，項目組在獲取專業人才培養需求的同時，通過綜合分析社會的廣泛需求並結合學校層次、學校在專業方面的實際情況和發展規劃，將學校的培養目標「應用型、複合型高素質高級專門人才」調整為「應用型、複合型高素質職業經理」。即工商管理專業的培養目標是：「本專業培養適應現代經濟社會變革需要的，具有紮實的經濟管理理論基礎、專業知識和技能、良好的品德修養和身心素質，富有創新精神的工商管理學科高素質複合性應用型職業經理。」

第二步：構建專業培養目標體系

經過人才需求調研獲取了一手的需求目標，還應當結合本專業所在高校制定的宏觀人才培養總體要求和目標，構建專業培養目標標準體系，將宏觀的目標指標細分為具體的培養目標要素，確定不同培養目標的考評及觀測點，形成全面支撐知識、能力、素質三位一體的專業培養目標體系。專業培養目標體系在形成時，既要充分分析獲得的當前需求一手資料，還要注重考慮社會發展對專業發展的影響，從而掌握專業人才需求

的變化趨勢並充分體現在培養目標體系中，使制定出的專業培養目標體系具有前瞻性和可測性。

以重慶工商大學工商管理專業實驗教學體系構建為例。為了在夯實工商管理學生紮實理論的基礎上更好地認清培養目標體系，開展對應的能力培養，從基礎培養目標、核心培養目標、職業發展培養目標三個方面設計了工商管理專業學生的培養目標體系，體系內容見圖 2-1。

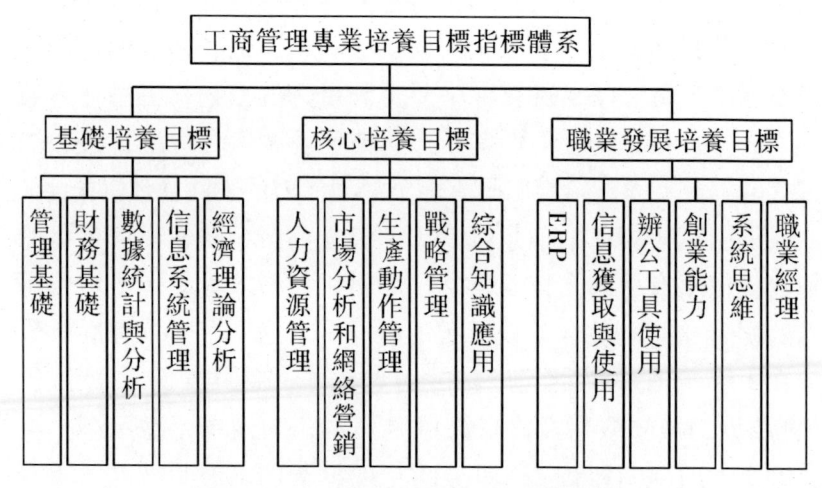

圖 2-1　工商管理專業能力指標體系

第三步：構建以培養目標為導向的實驗項目體系

按照構建的專業培養目標體系，明確培養路徑，針對培養目標指標或觀測點，設計專業培養目標所必需的一個或多個相對獨立的實驗項目，明確實驗項目設計目的、實驗教學組織等。實驗項目與培養目標明細指標之間的對應關係應該是一對一、一對多或多對一的關係。實驗項目作為實驗教學內容的基本組織單元，其內容應該是一個相對完整的基本內容。某個培養目標的明細指標可能涉及的教學內容較多，就需要設計多個項目來實現，反過來，有時一個實驗項目就可以實現多個培養目標的明細指標。實驗項目的學時和內容需要結合具體的實驗

教學組織、實驗教學條件等實際情況進行設計。

第四步：構建分層次的實驗課程體系

根據實驗項目的類型特點，以及不同實驗項目間知識的規律和邏輯性，構建由多個實驗項目構成的一門實驗課程。實驗項目整合為實驗課程時，要充分考慮實驗課程學時數、不同實驗課程前後順序，專業目標培養與專業技能訓練的不同，不同的技能和培養目標對應用型、創新型人才培養的作用存在差異。

這個步驟需要緊密結合實驗教學體系，按照實驗教學體系確定的教學層次和階段，將實驗項目歸屬到不同層次，同一層次的項目按照邏輯關係再整合成獨立的實驗課程。該體系具有一定層次性，不同階段相互之間具有一定邏輯關係的整個專業的實驗課程就構成了獨立的專業實驗課程體系。最後形成的專業培養目標指標與實驗課程體系對應關係見表2-1。

表2-1 專業培養目標（能力）指標與實驗課程體系對應表

培養目標類別	培養目標（標準明細）	實驗項目	實驗課程	課程類別
能力一：***	能力明細1.*** 能力明細2.*** 能力明細3.*** 能力明細4.***	項目1.*** 項目2.*** 項目3.*** 項目4.***	課程1.***	***
	能力明細5.*** 能力明細6.***	項目5.*** 項目6.*** 項目7.*** 項目8.***	課程2.***	***
	能力明細1.*** 能力明細2.*** 能力明細3.*** 能力明細4.***	項目9.*** 項目10.***	課程3.***	***
能力二：***	………	………	………	***

表格說明：課程類別指學科基礎、專業基礎、專業綜合、學科綜合、創新創業；此表內容作為對人才培養方案中實驗實訓流程圖內容的直接支撐；一項能力可以對應多個實驗項目，多個能力可能對應一個項目，但不同課程的實驗項目不得重複。

以重慶工商大學工商管理專業實驗教學體系構建為例。將學生在校期間的能力進一步劃分為不同階段，對每一階段的培養目標從實驗教學角度對內容做了調整和具體化，形成了工商管理專業的實驗教學體系圖，見圖2-2。

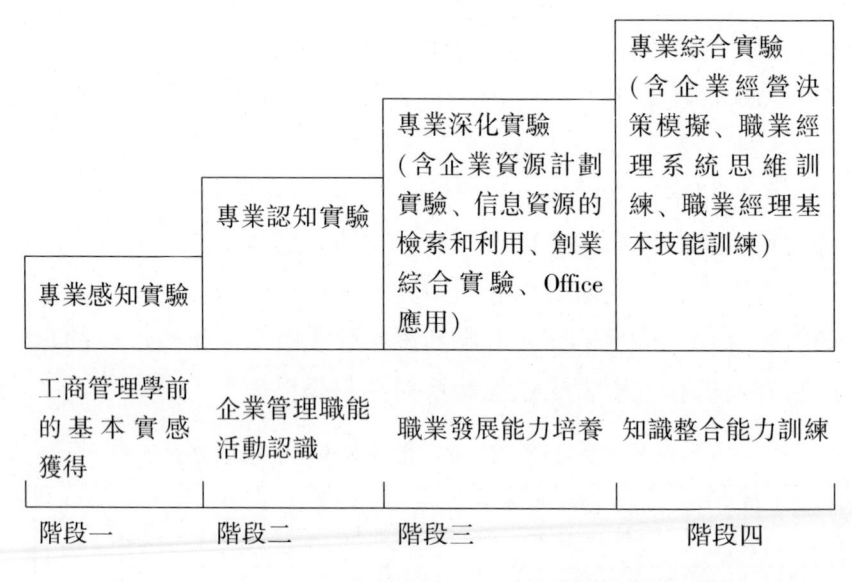

			專業綜合實驗 (含企業經營決策模擬、職業經理系統思維訓練、職業經理基本技能訓練)
		專業深化實驗 (含企業資源計劃實驗、信息資源的檢索和利用、創業綜合實驗、Office應用)	
	專業認知實驗		
專業感知實驗			
工商管理學前的基本實感獲得	企業管理職能活動認識	職業發展能力培養	知識整合能力訓練
階段一	階段二	階段三	階段四

圖2-2　基於工商管理專業能力進步的實驗活動體系構建

第一階段的專業感知實驗（納入集中實踐教學環節的實驗課）計劃開在第一學期，內容包括企業參觀、講座、討論會等。主要目的是讓學生對自己的專業有一個感性的認識，初步瞭解自己的角色和職業定位，從而對未來四年內要學習哪些知識，進行哪些實踐活動，以及這些知識的地位和作用有個初步的認識。

第二階段的專業認知實驗計劃（納入集中實踐教學環節的實驗課）開在第三學期伊始，內容主要為企業部門角色職能認識和企業營運基本流程演練。目的是讓學生在進入具體的單個專業實驗課程前建立企業營運的系統框架，瞭解企業各專業職能在企業這個系統中的地位和角色，不同職能部門之間的聯繫，從而對不同專業實驗課程之間的內在邏輯關係和聯繫形

成一個系統的認識，有如「在見樹木之前先見森林」的感覺，增強學生學習理論知識的興趣，為專業實驗和綜合實驗打下基礎。

第三階段的專業深化實驗環節和第四階段的專業綜合實驗環節分別由一些實驗課程組成。目的分別在於讓學生初步掌握作為一個管理人員應具備的基本管理技能，以及對所學知識與技能的整合利用能力。

經過項目組按照上述步驟對工商管理專業能力體系所做的研究和對實驗課程體系的思考，基於能力標準的實驗項目及相應課程的形成如表 2-2、表 2-3、表 2-4、表 2-5 所示：

表 2-2 工商管理專業基礎能力指標及相應的實驗課程

能力類別	能力標準	實驗項目	實驗課程	課程類別
能力一：管理基礎能力	(1) 決策能力 (2) 計劃能力 (3) 領導與激勵能力 (4) 組織設計能力	(1) 決策過程分析（模擬商務決策） (2) 計劃分析與制定演練 (3) 領導與激勵的模擬演練 (4) 組織設計和調整練習	管理學實驗	學科基礎
能力二：財務與會計基礎能力	(1) 會計憑證的處理能力 (2) 會計帳簿的登記與解讀能力 (3) 會計報表的編製與解讀能力 (4) 會計報表的分析能力	(1) 填製記帳憑證 (2) 登記帳簿 (3) 會計信息生成流程 (4) 會計報表分析	會計學實驗	學科基礎
能力三：數據統計調查與分析能力	(1) 數據的搜集、整理和描述能力 (2) 統計數據的分析能力 (3) 統計數據的應用能力	(1) 統計數據的搜集、整理與描述 (2) 相關分析 (3) 迴歸分析 (4) 時間數列分析	統計學實驗	學科基礎
能力四：信息系統構建基礎能力	(1) 信息系統的運用能力 (2) 信息系統的構建能力	(1) 信息系統認知 (2) 信息系統分析 (3) 信息系統設計	管理信息系統實驗	學科基礎

表2-2(續)

能力類別	能力標準	實驗項目	實驗課程	課程類別
能力五：經濟理論初步分析能力	(1)經濟計量分析能力	(1)經濟計量分析方法 (2)經濟計量分析應用	計量經濟學實驗	學科基礎

表2-3 工商管理專業核心能力指標及相應的實驗課程

能力類別	能力標準	實驗項目	實驗課程	課程類別
能力一：人力資源協調和利用能力	(1)組織設計能力 (2)工作分析能力 (3)人事測評能力 (4)績效考評能力 (5)培訓計劃能力	(1)組織結構設計 (2)編製職位說明書 (3)人事測評練習 (4)設計KPI指標 (5)培訓需求調查	人力資源管理實驗	專業主幹
能力二：市場分析和網絡行銷能力	(1)市場分析能力 (2)網絡行銷能力	(1)市場分析與軟件應用 (2)網絡行銷	市場行銷模擬實驗	專業主幹
能力三：生產運作管理能力	(1)生產管理職能戰略的分析與選擇能力 (2)生產流程的分析與設計能力 (3)5S現場管理能力	(1)生產管理戰略制定 (2)長安鈴木生產流程的分析與設計 (3)5S現場管理模擬	生產運作實驗	專業主幹
能力四：戰略分析、選擇和執行能力	(1)組織環境分析能力 (2)戰略選擇能力 (3)戰略實施能力	(1)組織環境分析 (2)戰略選擇 (3)戰略執行	戰略管理模擬	專業主幹
能力五：綜合知識應用能力	(1)企業開辦能力 (2)戰略分析與選擇能力 (3)行銷決策能力 (4)採購決策能力 (5)生產決策能力 (6)財務決策能力 (7)經營績效分析能力	(1)企業營運系統的構建 (2)企業註冊登記 (3)環境分析與戰略決策 (4)行銷決策 (5)採購決策 (6)生產決策 (7)財務決策 (8)企業經營績效分析與戰略調查	企業經營決策模擬	專業主幹

表2-4　工商管理專業職業發展能力指標及相應的實驗課程

能力類別	能力標準	實驗項目	實驗課程	課程類別
能力一：企業資源協調和利用能力	(1)訂單管理能力 (2)生產計劃能力 (3)物流與執行能力 (4)入庫驗收能力	(1)訂單管理 (2)計劃排產 (3)物流與執行 (4)入庫	企業資源計劃實驗	專業選修
能力二：信息資源檢索與利用能力	(1)網絡訪問與下載能力 (2)資源調查能力 (3)數據庫訪問能力 (4)百科知識檢索能力	(1)網站訪問與下載技術入門 (2)資源調查實驗 (3)訪問知網數據庫 (4)訪問萬方數據庫 (5)訪問維普數據庫 (6)搜索引擎的使用 (7)訪問超星數字圖書館 (8)閱讀免費圖書 (9)百科知識檢索	信息資源的檢索和利用	專業選修
能力三：Office軟件應用能力	(1)建立和編輯Word文檔的能力 (2)Excel製表和數據分析的能力 (3)Word與Excel文檔之間的轉換能力	(1)Word綜合使用 (2)Excel綜合使用	Office應用	專業選修
能力四：創業能力	(1)創業機會尋找與分析能力 (2)創業模式選擇能力 (3)創業組織能力 (4)創業融資能力 (5)創業計劃書寫作能力	(1)尋找創業機會 (2)創業機會分析 (3)創業模式設計 (4)創業團隊組建 (5)融資渠道的分析與選擇 (6)撰寫創業計劃書	創業綜合實驗	專業選修
能力五：系統思維能力	(1)基於市場競爭的經營目標與戰略戰術的制定能力 (2)公司與職能戰略和部門戰術的執行能力 (3)基於系統思維的經營成果分析能力	(1)經營前的分析與準備 (2)經營初創期系統思維訓練 (3)經營期戰略及戰術結合訓練 (4)經營期成果分析訓練 (5)經營期管理創新訓練	職業經理系統思維訓練	專業選修

表2-4(續)

能力類別	能力標準	實驗項目	實驗課程	課程類別
能力六：職業經理勝任能力	自我管理的能力 任務管理的能力 團隊管理的能力	(1)自我管理 (2)績效管理 (3)團隊管理	職業經理基本技能訓練	專業選修

表2-5 工商管理專業學生能力進步指標體系及對應的實驗課或實驗環節

能力類別	能力標準	實驗項目	實驗課程	課程類別
階段一：工商管理學前的基本實感獲得	(1)企業管理現場工作印象 (2)企業管理模式初識 (3)企業管理案例感知	(1)企業參觀 (2)管理工作觀摩 (3)管理案例的嘗試	專業感知實驗	專業選修
階段二：企業管理職能活動認識	(1)市場競爭環境認識能力 (2)企業職能部門業務活動的認識能力	(1)競爭規則的建立 (2)職能部門管理決策模擬	專業認知實驗	專業選修
階段三：職業發展能力	略	略	專業深化實驗環節(如企業資源計劃實驗、信息資源的檢索和利用、創業綜合實驗)	含多門專業選修課
階段四：知識整合能力	略	略	專業綜合實驗環節(如企業經營決策模擬、職業經理系統思維訓練、職業經理基本技能訓練)	含多門專業選修課

最後形成的與理論教學體系相協調又相對獨立的工商管理專業的專業實驗課程體系，見圖2-3：

學科基礎實驗 ⇨ 專業實驗 ⇨ 專業綜合及能力發展實驗

第一學期　　　　　　　　　　　　　　　　　⇦ 專業感知

第二學期　經濟學實驗(課內)
　　　　　　　⇩

第三學期　會計學實驗　　人力資源管理實驗　⇦ 專業認知
　　　　　　管理學實驗
　　　　　　　　　　　　⇩

第四學期　統計學實驗　　生產運作管理實驗(課內)
　　　　　　　⇩　　　　　⇩

第五學期　管理信息系統實驗　戰略管理實驗(課內)　創業綜合實驗
　　　　　　　　　　　　　　⇩

第六學期　　　　　　　企業經營決策模擬　企業資源計劃實驗
　　　　　　　　　　　市場營銷實驗　　　信息資源檢索與利用
　　　　　　　　　　　　　　　　　　　　⇩

第七學期　　　　　　　　　　　　　　　　　職業經理人
　　　　　　　　　　　　　　　　　　　　系統思維訓練

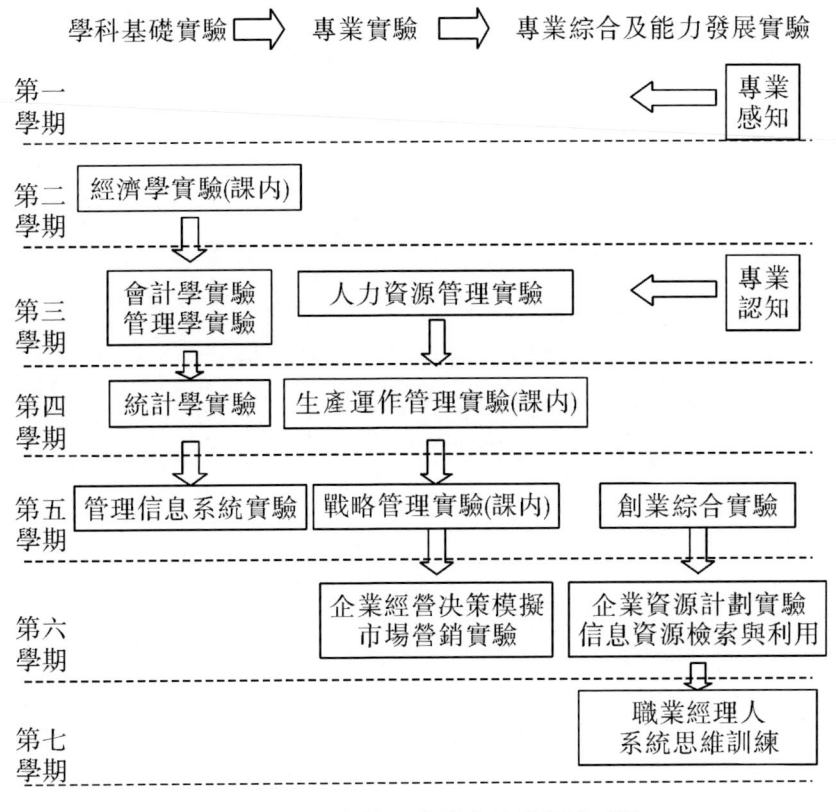

圖2-3　工商管理專業實驗課程體系圖

（3）基於目標導向的經濟管理實驗項目設計

實驗項目是承載實驗教學具體內容和規定實驗教學方法而獨立開設的教學實施基本單元。其中教師是組織、指導者和實驗項目設計成員之一，學生實施實驗操作，實驗室是教學場所（平臺），是軟件、硬件的教學環境。實驗項目設計包括實驗項目名稱設計和實驗項目內容設計。實驗項目內容設計包括實驗項目類型、實驗項目學時、實驗項目性質、實驗目的、實驗內容等。

經過基於目標導向的經濟管理實驗課程體系建設，某個專業設置哪些實驗課程和項目、實驗課程之間以及實驗課程內部的實驗項目之間的邏輯關係都十分清楚。但是每個實驗項目建設什麼內容，如何建設實驗項目的內容，需要根據項目要實現的培養目標進行專門探討和研究。下面將就實驗項目設計原則、設計組織、實驗項目類型等進行探討。

①實驗項目設計的工作組織

領導重視、觀念更新是有效組織實驗項目建設的前提。領導重視、更新觀念、提高認識、明確思路是經濟管理類實驗教學工作建設和發展的強勁動力，是建設具有科學性、前瞻性的高質量的實驗項目內容的根本保證。

學校、相關部門、學院的相關領導、教學指導委員會和教師應充分認識到實驗教學對學生實踐、創新能力培養和綜合素質提升的重要作用，充分認識到實驗教學在整個教學環節中不可替代的重要地位，並組織專門的人員和給予專門的資金支持組織開展實驗項目的建設工作。經濟管理類實驗教學發展歷史還不長，實驗教學體系、實驗課程與項目設立以及實驗項目內容都還存在不科學、不合理和不夠完善的地方，應大力加強建設，實驗教學的開展及其效果應作為實驗項目建設完善的重要依據。

教研室（或系）是實驗項目建設的基層組織。教研室主任（系主任）有責任組織相關教師，根據人才培養方案確定的實驗課程體系開展實驗項目具體設計工作，包括實驗項目設計團隊構建、實驗項目具體內容設計、實驗項目教學實施所需的實驗方法確定、實驗項目教學所需的條件和手段的設計等。

②實驗項目設計團隊構建

實驗項目設計團隊作為實驗項目內容的設計者，只有設計出與人才需求目標相匹配的實驗內容，才能保證實驗教學實施

者在教學中達到既定培養目標。因此，組建科學、合理的實驗項目設計團隊是實驗項目設計的關鍵。團隊必須包含直接開展實驗教學的教師、專業層面的教研室和站在學科前沿的專家、處於實踐前沿的企事業及研究機構資深人士，並在組織者統一協調下，發揚團隊合作精神，才可能設計出適應社會發展和市場需求的實驗教學體系和合理、先進、適用的實驗項目。實驗項目設計團隊組成及角色任務如表2-6所示。

表2-6　　　　實驗項目設計團隊及角色

	成員	角色
實驗項目設計團隊	學院分管領導	負責實驗項目設計的組織、協調
	實驗任課教師	提出課程實驗項目 參與專業實驗項目討論 參與學科實驗項目討論 參與獨立實驗課程討論 確定獨立實驗課程項目 確定普通實驗項目
	教研室成員	提出專業實驗項目 參與學科實驗項目討論 提出獨立實驗課程 參與獨立實驗課程討論 確定獨立實驗課程項目 確定普通實驗項目
	學科專家 行業企業資深人士	提出學科實驗項目 提出獨立實驗課程 參與獨立實驗課程討論 確定獨立實驗課程項目 確定普通實驗項目

③實驗項目設計的原則

創新性原則。實驗項目的創新就其內容本身屬於教學內容的創新，但實驗項目的實施又會涉及和體現教學方法和教學手段的創新。如何根據實際情況不斷改革教學方法、創新教學手段，是一個永恆的主題。教學內容的創新體現在通過實驗項目的開展掌握新知識、訓練新技能和新業務，掌握新方法、啓發新思維、培養創新能力；教學方法的創新體現在如何探索和選擇合適的實驗教學方法來實施實驗項目的內容，能夠使實驗教學效果更好；實驗教學手段的創新體現在如何充分利用現代信息技術、虛擬實驗技術、互動平臺、開放平臺、共享資源平臺等手段提高實驗教學質量。

系統性原則。經濟管理實驗項目設計是整體改革實驗課程體系內容的重要組成部分，是涉及整個經濟管理學科的系統性工程。因此，實驗項目設計不應該局限於某門課程，而應該首先站在專業高度，進而站在學科高度去構建、規劃實驗教學體系，根據實驗教學體系來具體設置實驗項目。同時，實驗教學是與理論教學協調又相對獨立的體系，二者共同構成了專業完整的教學體系，因此，實驗教學項目建設要充分考慮與理論教學的有機協調。

多樣性原則。不同類型的實驗項目對培養學生不同方面的能力所起的作用不同，因此在實驗內容確定後，教師應盡可能設計出不同性質的實驗項目，以適應不同層次、不同培養目標的學生需要。有的實驗項目既可以設計成演示性實驗，也可以設計成驗證性實驗、綜合性實驗、設計性實驗甚至探索研究性實驗和創新性實驗，避免單一形式的實驗項目一灌到底。

層次性原則。按照實驗教學項目的性質與地位不同，可以將其分為培訓基本知識、基本技能的基礎實驗項目和培訓綜合運用基本知識、基本技能的綜合實驗項目兩大類。一般情況

下，單純的操作性、驗證性、演示性實驗等項目，由於實驗內容的單一性和基礎性而適合在大學低年級開設；設計性、研究性和綜合性實驗項目由於需要相對複雜的實驗技能和綜合知識而適合在大學高年級開設；模擬性、實戰型實驗可根據實驗項目內容的難易度和複雜度在不同年級開設。不同層次採用不同的實驗方法和手段，以達到最佳的實驗效果。

差異性原則。經管類實驗與理工科實驗有著明顯的差異。理工科實驗不管是基礎實驗還是探索性實驗，大多數情況下實驗條件可以預先設定和控制，實驗過程中學生個人主觀意識不需要參與實驗，也不會影響實驗結果。而經管類實驗相反，如由於經濟現象的制約因素往往很多，設計實驗時多數情況下不可能把所有影響因素都考慮到，即實驗條件難以全面精確控制，學生個人的主觀判斷和努力，往往成為實驗的影響條件，而這種主觀性意味著實驗條件的多變性，會導致經管類實驗結果往往與學生主觀參與程度直接相關。因此，在實驗項目設計時要充分考慮這些特點，根據不同項目類型需要靈活設置實驗控制條件，以達到預期的效果。

④實驗項目設計流程

實驗項目是實驗項目設計團隊集體的智慧和共識。項目設計團隊通過實驗項目需求調研，依據人才需求培養目標，確定教學體系中哪些環節需要設置實驗，從課程、專業、學科角度從不同層次提出並論證實驗項目，從而建立起實驗項目體系，再根據實驗項目歸屬的實驗課程及其在實驗課程體系中的層次，具體設計每個項目的具體內容。設計流程見圖2-4。

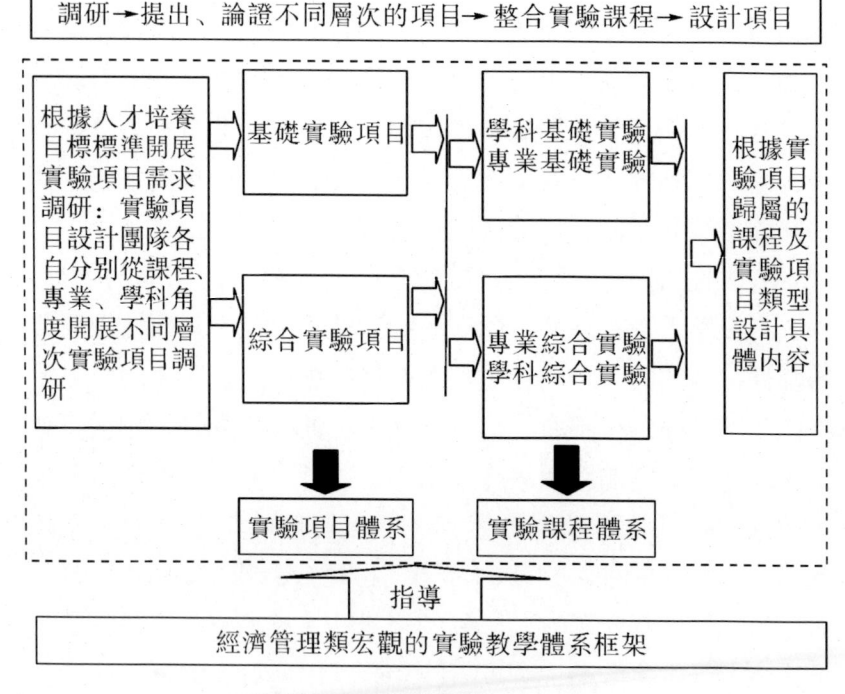

```
┌─────────────────────────────────────────────────────────────────┐
│  調研→提出、論證不同層次的項目→整合實驗課程→設計項目              │
└─────────────────────────────────────────────────────────────────┘
```

圖2-4　實驗項目設計流程圖

⑤實驗項目設計要素

實驗項目設計要素主要包括實驗項目名稱、實驗項目類型、實驗項目層次、實驗目標、實驗任務、實驗平臺、實驗數據、實驗規程與方法等方面。具體內容為：

一是實驗項目名稱設計。實驗項目名稱已經在構建實驗課程體系過程中的構建實驗項目體系環節就已經設計好了。一方面，實驗項目的名稱要能反應實驗的主要內容以及通過本次實驗學生可以掌握哪些基礎實驗能力，學生在進行實驗時可以做到有的放矢；另一方面，在設計實驗項目名稱時，要盡量避免軟件名稱出現在實驗項目名稱中，因為信息技術飛速發展下，軟件更新換代是很頻繁的。

二是實驗項目層次確定。按照項目培養的邏輯順序劃分層

次。大多數學校都從宏觀上構建了實驗教學體系框架，如重慶工商大學構建的「分階段、分層次、模塊化」的實驗教學體系，規定每個專業實驗教學體系由學科基礎實驗、專業基礎實驗、專業綜合實驗、學科綜合實驗和創新與創業模擬構成的較為完整的實驗課程體系（不同高校具體構建的宏觀實驗教學體系框架不盡相同）。實驗項目的設計需要歸屬到對應的實驗教學體系的某個層次上，不同層次的實驗項目後續的內容設計是有區別的。到底需要歸屬到哪個層次是根據按照專業培養目標標準明細中指標的邏輯順序確定的。如管理基礎方面的培養目標對應的實驗項目就應該歸屬到學科基礎層次。如果只是工商管理專業需要培養的如戰略管理方面的目標對應的項目就應該歸屬到專業基礎或者專業綜合層次。

　　三是實驗項目類型確定。無論是按學科把實驗教學單獨設課、還是按專業方向獨立設課，也不管屬於實驗項目體系的學科基礎、專業基礎、專業綜合還是學科綜合層次，都應該根據實驗項目內容及要實現的培養目標特點、要求統一劃分項目類型。對實驗項目類型作合理的劃分，有助於針對不同的實驗類型，採取對應的實驗教學方法，達到更加理想的實驗效果。實驗項目依據其難易程度和在培養學生能力方面的不同作用，一般可以劃分為基本型實驗（一般指演示型、驗證型、基本的操作型實驗）、綜合型實驗、設計型實驗、研究探索型實驗、創新研究型實驗五類。具體如下：

　　基礎型實驗項目。基礎型實驗是檢驗課程中某單一理論或者原理的實驗，或基本實驗方法、或基本技術操作的基礎認知性的實驗。通過這類實驗訓練，要求學生瞭解、理解和應用實驗對應的某個概念、基本原理或者知識點，掌握基本實驗方法和技能。認知性實驗、演示性實驗和驗證性實驗均屬於基礎性實驗。

綜合型實驗項目。綜合型實驗是由多項實驗任務組成，經過系列的實施程序，最終得到某種結果的實驗。這類實驗具有多重知識交融的特徵，要求綜合運用實驗者的頭腦，採取綜合的方法解決綜合的問題，而這種綜合思維方法和能力的形成正是綜合性實驗教學的主要目的。因此，綜合實驗的內涵應該包括實驗內容的綜合、實驗方法的綜合、實驗手段的綜合。其中，實驗內容的綜合可以是學科內一門或多門課程教學內容的綜合，也可以是跨學科的知識綜合。通過知識、內容、方法和手段的綜合，對學生的知識、能力、素質形成綜合的訓練與培養。這類實驗具有實驗內容的複合性和實驗方法的多元性。

設計型實驗項目。設計型實驗就是以培養學生設計能力為核心目的的教學實驗。設計型實驗的最大特點是以一個非常明晰的、需要解決的設計問題作為起點，在教師指導下或自主進行技術性、經濟性、可行性設計，並進行製作、測試與驗證等，以解決該問題，出品相應成果作為終點。設計性實驗所強調的是培養學生掌握如何進行設計的基本思路、基本流程和基本方法。設計型實驗可以是實驗方案的設計，也可以是系統的分析與設計。學生獨立完成從查閱資料、擬定實驗方案、實驗方法和步驟（或系統的分析與設計）、選擇儀器設備（或自行設計、製作）並實際操作運行，以完成實驗的全過程，同時形成完整的實驗報告，主要培養學生自主學習、自主研究的能力和組織能力。這類實驗具有實驗方法的靈活性和實驗過程的多樣性。

研究探索型實驗項目。研究探索型實驗是實驗室設置的、在教師的指導下學生可以自主完成的研究性教學實驗項目。這類教學實驗項目的內容包括新理論的研究、實驗方法與技術的革新、儀器設備的改進、大型軟件的開發或二次開發等，一般是教師的科研項目，或是從科研項目分離出來的子項目。對於

大學生而言，他們參與研究探索實驗重在研究過程，通過研究、探索、思考達到思維能力、動手能力及科研能力的強化訓練，在研究過程中實現創新。研究探索型實驗也是學生早期參加科學研究，教學科研早期結合的一種重要形式。這類實驗具有實驗結果的未知性和實驗方法、手段的創新性。

創新型實驗項目。在「國家大學生創新性實驗計劃」實施以前，不同高校對創新性實驗內涵的理解不盡一致。國家大學生創新性實驗計劃是「十一五」期間教育部為推動創新性人才培養工作的一項重要改革舉措，是高等學校本科教學質量與教學改革工程的重要內容，是國家級直接面向大學生、注重自主性、探索性、過程性、協作性和學科性的創新訓練項目，旨在培養大學生從事科學研究和探索未知的興趣，以及從事科學研究和創造發明的素質。大學生創新型實驗計劃是創新人才培養的平臺、優秀成果培育的沃土、學生成才的催化劑。因此創新性實驗項目是大學生自主提出的科研訓練項目，訓練的主體是大學生個人或創新團隊，他們在導師的指導下，自主進行研究性學習，自主進行實驗方法的設計，組織設備和材料，實施實驗、數據分析處理、總結報告等工作，培養學生提出、分析和解決問題的興趣和能力。通過創新性實驗的訓練，使大學生這種可貴的品質保持下去，鼓勵學生持續性地把發現深究下去，培養他們創新的能力。這類實驗具有實驗內容的自主性、實驗結果的未知性、實驗方法與手段的探索性。

四是實驗目標。實驗目標是學生通過實驗所要達到的學習目標，如認知事物、培養情操或是掌握某種動作技能。實驗目的是實驗課程目標的一部分，應服從於人才培養方案，實驗目的確定實驗者的實驗任務。在現實的學習情境中，學生的學習往往會同時涉及兩個甚至三個領域的學習內容，包括認知領域目標、動作技能領域目標和情感領域目標，實驗教學同樣

如此。

認知領域目標是實驗教學目標最廣泛的領域。布盧姆把認知領域的教育目標分為六級：知道、領會、運用、分析、綜合和評價，見表 2-7。

表 2-7　　　　　　　　認知領域的實驗目的

學習目標	實驗目的
知道	指對先前學習過的知識材料的回憶，包括具體事實、方法、過程、理論等的回憶。通過實驗鞏固所學知識
領會	領會亦稱理解或領悟，通過實驗把握知識的意義
運用	指在具體實驗情境中使用抽象知識，這些知識包括一般的概念、程序的規則或概括化的方法，以及專門性的原理、觀念和理論
分析	通過實驗弄清各種觀念，或者弄清各種關係
綜合	通過實驗將各種要素及組成部分組成一個整體，以構成更為清楚的模式或結構
評價	通過對某些觀念和方法等的價值做出判斷

實驗教學動作技能領域目標，依據辛普森等 1972 年的分類，將動作技能領域的實驗教學目標分成知覺、定向、有指導的反應、機械動作、複雜的外顯行為、適應和創新七級，見表 2-8。

表 2-8　　　　　　　　動作領域的實驗目的

學習目標	實驗目的
知覺	通過實驗感覺器官覺察客體或關係的過程，借此獲得信息以指導動作
定向	通過實驗為某種穩定的活動的準備，包括心理定向、生理定向和情緒定向三個方面

表2－8(續)

學習目標	實驗目的
有指導的反應	通過實驗教師或一套標準可判斷學生操作的適當性，包括模仿和試誤兩個方面
機械動作	通過實驗，學生的反應已成為習慣，能以某種熟練和自信水準完成動作，培養各種形式的操作技能
複雜的外顯行為	通過實驗的複雜動作模式的熟練操作，達到迅速、連貫、精確和輕鬆操作各種軟件系統或其他事物
適應	通過實驗，學生能改變動作以適應新的具體情境的需要
創新	通過實驗學生在動作技能領域中形成的理解力、能力和技能，創造新的動作模式以適合具體情境

情感領域目標。情感是人對客觀事物的態度的一種反應，表現為對外界刺激的肯定或否定。情感學習既與形成或改變態度、提高鑒賞能力、更新價值觀念等方面有關，也影響認知的發展和動作技能的形成。克拉斯伍等人1964年依照價值內化程度，將情感領域的教學目標由低到高劃分成接受或注意、反應、價值化、組織、複雜的價值或價值體系的性格化五級，見表2－9。

五是實驗任務。規定一個實驗項目從最初的準備到實驗結果的形成過程中，實驗者所需要完成的具體工作任務。根據實驗任務確定實驗所需的條件，我們把實驗所需的軟件和硬件條件統稱為實驗平臺，也就是說實驗者借助實驗平臺完成實驗任務。實驗任務決定實驗項目的規模、學時等屬性。

實驗任務（或事項）是實驗者的工作事項。對應於實驗目的，實驗任務是為達到實驗目的實驗者需要做哪些具體事項，也就是實驗要求實驗數據處理的過程和結果。實驗任務有別於實驗目的，前者是工作安排及實驗者做實驗要取得的實驗

結果；後者是實驗者完成實驗在認知、動作技能、情感三方面取得預期的效果，見表2－10。

表2－9　　　　　　　　情感領域的實驗目的

學習目標	實驗目的
接受或注意	指學生感受到某些現象和刺激的存在，願意接受或注意這些現象和刺激
反應	指學生不僅注意某種現象，而且以某種方式對它做出反應，可分為默認的反應、願意的反應和滿意的反應三種
價值化	指學生將特殊的對象、現象或行為與一定的價值標準相聯繫
組織	指學生將許多不同的價值標準組合在一起，克服它們之間的矛盾、衝突，並開始建立內在一致的價值體系
複雜的價值或價值體系的性格化	指學生具有長時期控制自己的行為以致發展了性格化生活方式的價值體系

表2－10　　　　　　不同類型的實驗項目實驗任務

項目類型	實驗任務特徵
基於工具軟件驗證性實驗項目	實驗任務按照工具軟件的功能進行組織；任務不受特定經濟管理業務模型約束，軟件功能整體性與經濟管理業務構成一個有實務意義的集合，避免項目過於零散
基於工具軟件研究性實驗項目	實驗任務與工具軟件的分析設計功能有關，根據工具軟件的某些分析來設計功能，其結果具有不確定性，沒有統一的答案

表2–10(續)

項目類型	實驗任務特徵
基於應用系統驗證性實驗項目	實驗任務按照應用軟件的功能進行關聯，或者實驗任務根據經濟業務流程劃分進行組織，一個或幾個經濟業務流程作為一個實驗項目，受特定經濟管理業務模型約束，規模容易界定
基於應用系統研究性實驗項目	實驗任務與應用系統的特定功能二次開發有關，是層次較高的實驗項目，要求實驗者熟悉應用系統的所有功能模塊，並且熟悉應用系統的開發設計工具，其結果具有不確定性，沒有統一的答案
基於仿真模型驗證性實驗項目	實驗任務根據仿真業務流程進行組織，受特定經濟管理業務模型約束，實驗任務規模容易界定
基於仿真模型研究性實驗項目	實驗任務是利用仿真模型對經濟管理數據進行分析、評價，或設計業務流程，是層次較高的實驗項目，其結果具有不確定性，沒有統一的答案

六是實驗平臺。實驗平臺可以分為硬件環境和軟件環境。對於經濟管理類專業，硬件環境一般是指計算機終端或網絡環境，是一種通用的條件。實驗平臺重點討論實驗室軟件環境，一個軟件系統支持多個實驗項目，因此要在實驗項目中規劃使用軟件的哪些功能，以及這些功能涉及的理論或模型。實驗任務和實驗需要的軟件功能模塊大小界定了實驗項目規模。經濟管理類實驗項目的實驗平臺一般可以分為三類：工具軟件、應用系統、仿真模擬。

工具軟件是指經濟管理類專業學生收集、處理、分析經濟管理活動產生的數據的常用軟件，也是學生輔助學習其他課程或從業後必須掌握的實用工具（如 EXCEL、SPSS、SAS、EViews、Stata）和常用的財務軟件、金融分析軟件、通用管理軟件、檢索工具等。從應用型人才培養角度分析，經濟管理類

專業學生需要熟練、深入掌握這些軟件各種功能的使用，並且能夠應用它們解決專業問題，包括簡單的功能應用和較複雜的模型設計等。學生在校期間需要利用這些工具軟件完成其他課程作業、畢業論文和設計，或者進行科研活動、實踐活動等；學生進入工作崗位後，這些工具軟件的使用是他們的基本工作技能。

應用系統是指企業、政府或行業組織實際應用的管理信息系統或專用業務處理系統（軟件），如 ERP 系統、電子政務系統、酒店管理信息系統、稅務稽查系統等。從應用型人才培養角度分析，經濟管理類專業學生在校期間，要在系統原理、流程和方法等方面進行初步訓練，掌握應用系統功能使用和應用原理或對應用系統和業務進行分析設計，完成學校教育與實際應用的對接。學生畢業後，要在實際工作中使用這些系統。

仿真模擬是指遵循相似原理（幾何、環境及性能相似），用模型代替實際系統進行試驗和研究。經濟管理類專業的仿真模型是指採用情境設計或模擬軟件模擬（或仿真）社會經濟環境、市場環境、管理環境以及工作情景等，讓實驗者在模擬環境或情境中運用知識能力進行企業經營、組織管理等，從而達到理論知識綜合運用的目的。如企業經營決策電子沙盤、企業經營決策物理沙盤、市場行銷模擬軟件等都屬於仿真模擬。

七是實驗數據。實驗數據一般為宏觀或微觀經濟管理數據。經濟管理類實驗應當是針對具體經濟管理類專業業務展開的。實驗設計者應根據實驗者的業務知識水準和能力設計經濟管理實驗數據（包含業務模型和數據模型），實驗數據應該與前三要素（實驗目的、實驗任務和實驗平臺）相匹配。

在實驗教學中，實驗過程是實驗者按照一定的規程和步驟在實驗平臺上對數據（業務）進行操作，完成實驗任務，從而達到實驗教學的目的。實驗數據是指學生在實驗過程中處理、

操作、設計或分析的對象。實驗過程中實驗數據表現為初始數據、過程數據和結果數據。我們假設實驗前實驗平臺是空白的，實驗過程中把實驗數據加載到實驗平臺上，沒有實驗數據不能進行實驗活動，實驗室或實驗平臺只起到一種展示作用。

八是實驗規程與方法。實驗過程是實驗者按照一定的規程和方法在實驗平臺上對實驗數據進行操作，完成實驗任務，從而達到實驗目的。規程方法包括實驗前的一系列準備、實驗中遵循的實驗規則和實驗步驟、實驗後對實驗結果的表示和分析。

實驗規程是指進行實驗的步驟、方法、流程或規則等。實驗類型不同，實驗規程差異較大。驗證性實驗（如基於工具軟件的驗證性實驗）一般具有較為嚴格的步驟和方法，而研究性實驗（基於仿真模擬的研究性實驗）的規程有較大的差異，很難嚴格界定。實驗規程一般分為三個組成部分：一是實驗前準備，解決實驗任務、實驗平臺、實驗數據三者一致性問題；二是實驗中的步驟和方法，階段性完成實驗任務所規定的實驗工作；三是實驗後結果處理，按步驟完成實驗後，要比對實驗結果與實驗目的和任務，對實驗進行分析評價。

⑥實驗項目內容來源挖掘

以前，實驗教學作為理論教學的輔助，不少高校開設的實驗項目中，多數實驗項目是以演示、驗證及基本操作訓練為主，其實驗目的主要是讓學生加深對理論知識的理解，無法滿足現代人才培養的需求。隨著實驗教學的深入發展，實驗教學內容與企業、社會等外界銜接越來越密切，企業發展中出現的問題也逐漸地轉化成實驗項目進行教學研究，這充分體現出實驗內容的新穎性和實用性的特點。目前，經管類實驗項目典型的來源主要有以下幾個方面：

一是從教師科研項目中挖掘實驗項目，實現科研與專業實

踐能力培養的結合。將實驗教師所承擔的縱向科研課題及解決行業、企業實際問題的橫向課題與實驗項目建設結合起來，通過科研項目研究加強對實驗項目的更新和強化學生專業能力訓練。它包含兩個方面的內容：一方面是實驗教師申請的科研課題分解成多個實驗項目；另一方面是教師的科研成果轉化成多個實驗項目。

二是從校企合作項目中挖掘實驗項目，實現校企合作與專業實踐能力培養的結合。產學研合作是高等院校培養創新型、應用型人才的重要途徑。建立與企業長期合作機制，將實驗項目建設與企業業務發展有機結合起來。如產學研合作模式中的共建實驗中心、共建企業員工培訓基地等。還有高校將承接的企業外包項目內容轉化為實驗項目，不僅能組織實驗教師從事應用性課題研究和承接企業外包業務，而且能為學生提供有針對性的企業實訓項目，做到經濟效益與教學效益雙豐收。

三是從學生創新創業項目中挖掘實驗項目，實現實驗教學與創業教育的結合。大學生的創新創業項目是鼓勵學生進行科技創新活動的重要舉措之一。該項目由學生自主設計、自行實施，把它轉變成適合實驗教學的實驗項目，學生不僅能夠加強創新創業意識，而且能夠從中得到很多經驗。如創業實訓公司經營轉化來的創業計劃書等實驗項目。

四是從各種競賽型項目中挖掘實驗項目，實現實驗教學與第二課堂的結合。如：全國大學生管理決策模擬大賽項目、大學生數學建模比賽項目、大學生職業規劃設計大賽、大學生課外學術科技作品競賽等全國性的比賽項目。競賽型的比賽項目轉化成教學型實驗項目後，它也能夠大大地激發學生的實驗興趣。

2.2.3　實驗教學案例庫和實驗數據庫建設

（1）實驗教學案例和實驗數據的基本概念

①實驗教學案例庫

實驗教學案例是真實、典型且含有問題的供實驗教學使用的事件。一個實驗教學案例就是一個包含有疑難問題的用於實驗教學的實際情境的描述。包含三個層次：一是實驗教學案例是事件，實驗教學案例是對實驗教學過程中的一個實際情境的描述。二是教學案例是含有問題的事件，事件只是案例的基本素材，並不是所有的教學事件都可以成為案例。能夠成為案例的事件必須包含有問題或疑難情境，並且也可能包含有解決問題的方法。正因為這一點，案例才成為一種獨特的研究成果的表現形式。三是案例是真實而又典型的事件，案例必須是有典型意義的，它必須能給讀者帶來一定的啟示和體會。實驗教學案例庫則是指系列實驗教學案例的集合。某門實驗課程案例庫可能包括一個或多個實驗案例。

②實驗數據庫

數據庫（Database）本意是按照數據結構來組織、存儲和管理數據的倉庫，它產生於 50 年前，隨著信息技術和市場的發展，特別是 20 世紀 90 年代以後，數據管理不再僅僅是存儲和管理數據，而是轉變成用戶所需要的各種數據管理的方式。

實驗數據庫包括上述含義的數據庫，如用於教學和研究的各種期刊數據庫、財金數據庫（如國泰安數據庫）、管理方面的數據庫、各種統計數據庫（如各種年鑒）等。但本書討論的實驗數據庫有更廣的範圍，它指按照實驗教學所需進行組織整理和管理的各種實驗所需數據的集合。

（2）實驗教學案例庫和實驗數據庫建設

實驗教學案例庫和實驗數據庫作為實驗教學開展的重要支

撐材料,其建設具有共通性。基本流程為:

明確實驗案例(實驗數據)建設的目的──→制訂建設計劃──→開展實驗案例(實驗數據)調研──→收集實驗案例(實驗數據)素材──→整理素材,編寫實驗案例(或按照實驗要求整理數據)──→實驗教學試用──→對實驗應用情況進行總結和對實驗案例(實驗數據)進行完善。

實驗案例(實驗數據)建設要從以下幾個方面著手:制定建設計劃,包括如何開展調研、時間進度、建設團隊、數據或案例獲取途徑、調研目標對象等方面;調研和收集素材就是要直接接觸調研對象,根據建設目的獲取一手的素材,如直接深入企業、網絡調查收集、開展問卷等方式;整理素材,編寫案例(組織實驗數據)就是將一手的原始材料按照真實性、典型性原則,根據案例(數據)要求進行格式化;實驗教學試用是對實驗案例(數據)建設結果進行檢驗的過程,通過實驗能夠發現在建設中存在的問題;總結完善則是解決通過實驗發現的問題,形成成熟的實驗案例(數據)的過程。

作為實驗教學案例和實驗數據,其內容建設要注意幾個方面:

一是真實性。案例材料和數據可從實踐中調研取得,也可從已經存在的文獻資料中取得。加工類案例或整理後的數據要明確標明原案例的出處,以保證素材的真實性,案例內容不能虛構。如「上市公司財務報表分析實驗」可選擇一個實際公司某個年度的實際的財務報表,但可在某些細節上作適當修改。

二是客觀性。案例的編寫要保持客觀性,應把分析的機會留給學生。案例中應避免出現主觀結論性、傾向性的內容。

三是現實性。現實性考查的是案例內容與中國目前社會經濟文化生活、技術背景等現實相吻合的程度,要求案例具備現

實指導意義。

四是時效性。入選案例和數據應具有一定的時效性。為滿足案例發生背景與現實相吻合的要求，應考慮選擇近期的案例，入選的案例應能夠適用的時間長一些。

五是典型性。要求根據教學目的篩選和整理案例，使其在反應教學內容的相關知識點上具有典型的代表性，而不是特殊情況下的個別事件。

六是爭議性。特別是管理類實驗案例，內容要保持本身具有的爭議性，具有結論的不確定性，可讓學生從不同的角度和側面去體會和思考，能夠引發學生的研討和爭論。案例具備的爭議性可以為學生提供一種參與的機會，使學生能夠以模擬者的方式分析、體會、交流、嘗試解決實際工作中可能遇到的問題。

七是恰當的技術處理。實驗案例的編寫要求繁簡適度，通過適當加工，例如在管理案例中，應保留主要人物、情節、矛盾、直接影響因素從細，其餘簡化。

2.3　經濟管理實驗課程教學方法改革

2.3.1　實驗教學方法概述

實驗教學方法和實驗教學手段是實現實驗課程教學目標的主要途徑和基本保證。在實驗課程建設中，要充分利用現代教育技術和手段，積極探索現代化實驗教學方法，促進實驗課程教學質量提高。

（1）實驗教學方法概念

教學方法是教師和學生為了實現共同的教學目標，完成共

同的教學任務，在教學過程中運用的方式與手段的總稱。對此可以從以下三個方面來理解：

一是指具體的教學方法，從屬於教學方法論，是教學方法論的一個層面。教學方法論由教學方法指導思想、基本方法、具體方法、教學方式四個層面組成。

二是教學方法包括教師教的方法（教法）和學生學的方法（學法）兩大方面，是教法與學法的統一。教授法必須依據學習法，否則便會因缺乏針對性和可行性而不能有效地達到預期的目的。但由於教師在教學過程中處於主導地位，所以在教法與學法中，教法處於主導地位。

三是教學方法不同於教學方式，但與教學方式有著密切的聯繫。教學方式是構成教學方法的細節，是運用各種教學方法的技術。任何一種教學方法都由一系列的教學方式組成，可以分解為多種教學方式。另外，教學方法是一連串有目的的活動，能獨立完成某項教學任務，而教學方式只被運用於教學方法中，並為促成教學方法所要完成的教學任務服務，其本身不能完成一項教學任務。

與教學方法密切相關的概念還有教學模式和教學手段。

教學模式是在一定教學思想指導下建立起來的為完成某一教學課題而運用的比較穩定的教學方法的程序及策略體系，它由若干個有固定程序的教學方法組成。每種教學模式都有自己的指導思想，具有獨特的功能。它們對教學方法的運用，對教學實踐的發展有很大影響。現代教學中最有代表性的教學模式是：傳授──→接受模式和問題──→發現模式。

實驗教學手段是指教師和學生為了實現共同的實驗教學目標（實驗項目的實驗目的），完成共同的實驗教學任務，在實驗教學過程中運用的實驗方式與採用的實驗手段的總稱。

（2）教學方法的分類

教學方法的分類就是把多種多樣的各種教學方法，按照一定的規則或標準，將它們歸屬為一個有內在聯繫的體系。由於不同教育研究者分類依據不同，對教學方法的分類也就完全不同。

前蘇聯教育家巴班斯基依據人的活動的認識，把教學劃分為組織和自我組織學習認識活動的方法、激發學習和形成學習動機的方法、檢查和自我檢查教學效果的方法三大類。美國教育學約翰·A·拉斯卡依據在實現預期學習結果中的作用，將教學方法劃分為呈現方法、實踐方法、發現方法和強化方法四類。威斯頓和格蘭頓依據教師與學生交流的媒介和手段，把教學方法分為教師中心的方法、相互作用的方法、個體化的方法和實踐的方法四大類。

李秉德教授按照教學方法的外部形態，以及相對應的這種形態下學生認識活動的特點，把教學方法分為以語言傳遞信息為主的方法、以直接感知為主的方法、以實際訓練為主的方法、以欣賞活動為主的方法、以引導探究為主的方法五類。黃甫全教授按照從具體到抽象的層次將教學方法分為原理性教學方法、技術性教學方法和操作性教學方法。

由於教學方法分類是基於所有教學模式和方式的，而實驗教學是特定的實驗教學模式，故實驗教學方法的具體類型都只是某種分類模式下的一部分。

（3）教學方法的內涵

不管哪種教學方法分類，其內在本質特點都是相同的。教學方法體現了特定教育和教學的價值觀念。教學方法受到特定的教學內容的制約和具體的教學組織形式的影響和制約。

所有教學方法都具有的共性是：教學方法要服務於教學目的和教學任務的要求，是師生雙方共同完成教學活動內容的手

段，是教學活動中師生雙方行為體系。

2.3.2 典型的經濟管理實驗教學方法

由於實驗教學與理論教學有著根本的區別，以上無論哪種教學方法分類，實驗教學都只是採用其中的某一部分方法，對於某個實驗項目，具體討論採用哪種實驗方法分類沒有太大的現實意義，更重要的應該是根據不同的實驗教學內容、目的和任務要求，採用與之適應的具體方法。由於經濟管理類學科涉及的實驗項目類型廣泛，既有基本理論與知識的驗證類型，也有設計類型、研究型和探索研究類型以及實訓類型的實驗項目，因此，採用的實驗教學方法也是十分豐富的。目前經管類實驗教學主要使用的教學方法有模擬仿真教學法、實戰教學法、互動式教學法、自主式教學法、案例式教學法、探究式教學法、項目驅動教學法等。

(1) 模擬仿真教學法

通過仿真模擬，構建實驗內容所需的逼真環境，激發學生學習興趣。採用推演式模擬，模擬企業經營過程與具體決策程序導致的可能性；採用現場模擬，使用模擬設備，使參加實訓的學生感受企業經營場景的完整運作過程。如《SCM 模式下物流與商務綜合實訓》實驗課程，從供應鏈管理（SCM）思想出發，重點圍繞供應鏈管理中物流與商務活動，通過任務引領，運用角色扮演等方式，多角色、全過程仿真模擬供應商、生產企業、商貿企業（電子商務公司、零售企業、國際貿易企業）和第三方物流企業的作業流程與管理決策，綜合訓練學生物流與商務經營管理意識與業務技能。

(2) 實戰教學法

實戰教學法就是通過學生參與或獨立開展完全真實的社會企業或行業業務，在業務開展中使相關專業知識和能力以及相

關綜合素質得到鍛煉的方法。重慶工商大學經濟管理實驗教學中心通過創造條件，讓每個經管類學院獨立設立創業實訓公司，由學生組建經營團隊，結合專業知識開展專業相關業務經營，老師適當給予指導。通過實際的企業經營，團隊成員綜合素質和能力得到全面鍛煉。同時還在專業綜合能力培養方面開展了實戰，如會計諮詢公司開展的會計實戰、調查分析公司開展的統計分析實戰，都起到了企業經營與專業有機結合的綜合能力鍛煉效果。又如，通過少量資金開戶，通過股票實戰，達到進行股票投資理財的綜合訓練。

（3）互動式教學法

在《企業經營管理綜合設計與實訓》課程的實驗教學中，組織學生組成企業團隊，進行企業經營決策對抗，每個學生通過角色扮演和互動，感受真實競爭環境下不同主體在經營決策中的博弈行為。又如《國際貿易模擬實驗》，通過實驗小組中進出口商、供應商、銀行、海關等扮演角色之間的互動，使學生既掌握整個進出口業務流程，又真實感受進出口業務活動中不同角色的定位與作用。

（4）自主式教學法

在實驗教學過程中，為學生設計柔性的實驗內容和實驗要求，在完成基本實驗項目後，不同學生可根據需要自主選擇其他實驗內容。通過開放式實驗教學平臺，讓學生自主決定實驗時間和地點。如重慶工商大學的《國際貿易模擬實驗》課程，教師設計近20餘個實驗項目，部分項目讓學生自由選擇組合學習。又如重慶工商大學經濟管理實驗教學中心採用的由師生設計、申報並經審批構建實驗項目庫（「經濟管理實驗項目超市」）資源，中心提供資源的教學安排，學生根據個人發展需求自主選擇其中的某些實驗項目參與學習。再如由教師組織設計系列研究性創新型開放項目，由學生自主選擇並完全自主開

展，最後提交研究報告和參加答辯。

(5) 案例式教學法

案例式教學法是一種能夠把認知性與感受性學習方式較好融合起來的，溝通理論與實踐的教學方法。案例教學法作為一種基於實踐經驗的探索性教學模式，已經成為世界範圍內培養高層次人才的重要方式。案例教學改變了傳統教學以書本為本、從概念到概念的注入式教學方式，能促進學生成為教學主體，有利於學生開展自主性、合作性、研究性及探索性學習。這種實驗教學方法要求教師在教學、科研和服務企業的過程中，收集國內外企業經營管理實踐中的素材，不斷發掘企業經營管理實踐中有代表性的典型問題，並對其進行分析提煉，形成企業經營管理各環節的案例，並把這些案例納入實驗教學中，逐步形成了個性化的案例教學庫。學生在實驗過程中，通過對企業管理教學案例的分析討論，獲得了發現問題、分析問題、解決問題的能力。

(6) 探究式教學法

探究式教學又稱發現法、研究法，是由學生自己設計實驗項目內容，通過觀察、實驗、思考、討論等途徑去實施項目來達到知識綜合應用和能力培養的目的。它的指導思想是在教師的指導下，以學生為主體，讓學生自覺地、主動地探索，掌握認識和解決問題的方法和步驟，研究客觀事物的屬性，發現事物發展的起因和事物內部的聯繫，從中發現規律，形成自己的概念。可見，在探究式教學的過程中，學生的主體地位、自主能力都得到了加強。

以證券投資模擬實驗為例，可以由學生自己設計股票投資計劃，然後根據計劃，研究市場行情，所投資股票的企業背景、業績、發展趨勢以及宏觀環境等因素，確定買賣的價格與時機，最終根據結果評價業績，同時自我評價其過程中的得

失。又如地理信息系統（Geographic Information System，GIS）與商業網點佈局規劃實驗，學生可根據某個城鎮情況自己設計商業規劃項目，然後根據規劃系統所需的參數對目標城鎮開展人口流量、地理要素等系列情況調查，獲取數據，最後將數據輸入系統，分析論證商業網點佈局的合理性。這些實驗項目源於實際，極大地調動了學生的積極性、主動性和創造性，充分體現學生的主體地位，同時訓練了學生自己設計問題、綜合運用知識分析問題和解決問題的能力。

（7）項目驅動教學法

項目驅動教學法是實施一個完整的項目工作而進行的教學活動，具體是指在教學過程中以一個項目作為載體，把相關的實驗內容融入到項目的各個環節中，逐層推進項目的開展。通過對問題的深化和擴充，來拓寬實驗的廣度和深度，直到得到一個完整的項目解決方案，從而達到綜合運用知識、培養能力的目的。如將整個財務管理實驗的內容全部融入一個企業的資金運動過程，即項目載體，模擬一個企業的創立、籌資、投資、預測、控制、經營、分配、評價分析過程，掌握企業財務管理的內容和實踐操作運用。

2.4 經濟管理實驗課程規範管理

實驗教學規範管理涉及實驗教學管理規章制度、實驗教學質量評價體系、實驗教學檔案資料和實驗教學激勵機制等方面，本節主要就實驗教學過程和實驗課程建設本身進行探討。

2.4.1 實驗課程教學規範管理

實驗課程教學管理應當包括實驗準備管理、實驗運行秩序

管理、實驗效果管理和綜合管理等方面，是全方位、全過程的管理活動，是實驗教學達到實驗教學大綱和實驗項目設計的目標要求的預期效果的根本保障。

（1）實驗教學準備管理。包括實驗教學材料準備檢查、實驗教學條件準備檢查。實驗教學材料準備檢查的內容主要是實驗大綱、實驗教材或指導書、實驗項目卡片、實驗授課計劃及教學所需的其他材料（如案例、數據等）準備情況。實驗教學條件準備檢查是實驗教師到實驗室試用設備及軟件、熟悉實驗環境以及實驗技術人員提前做好責任區實驗設備及相關軟件檢查，發現故障及時解決。

（2）實驗運行秩序管理。包括實驗教學運行記錄管理、實驗課調（停）管理、實驗課堂管理、實驗服務以及實驗過程巡查。通過實驗教學運行記錄做好每個實驗室基本實驗教學開展情況的原始記錄，通過實驗課調（停）管理規範課程變動，實驗人員應當協助實驗教師做好實驗課堂管理和實驗服務，及時解決突發性問題，通過實驗管理巡查，對實驗運行進行監督，通過實驗教師、實驗技術與服務人員和實驗管理人員共同構築起實驗教學課堂質量保障機制。

（3）實驗效果管理。包括實驗聽課制度和學生評教。通過實驗聽課和學生的評教，構建起實驗教學效果的反饋機制。

（4）綜合管理。主要指期中實驗教學檢查，是對實驗教學開展情況進行的綜合性檢查，通過檢查可以發現教師實驗教學中存在的問題並給予解決。

2.4.2 實驗課程建設規範管理

（1）經濟管理實驗課程的規範建設

經濟管理實驗教學課程內容的規範建設主要是指建設使經管實驗教學活動能夠順利、高效開展所需的規範的實驗教學文

件。主要包括實驗教學大綱、實驗指導書、實驗項目卡片、實驗考核辦法等，即通常講的實驗教學「三件套」加上實驗考核辦法。

經濟管理課實驗教學課程內容的規範建設具有非常重要的意義。實驗教學大綱的規範建設是為了形成一個實驗課程與項目建設的規範性綱領文件，作為課程組開展實驗指導書、實驗項目卡片、實驗考核辦法編製和設計的依據。實驗指導書是指導學生具體如何開展實驗的規範文檔。實驗項目卡片主要是為了有效地保障實驗教學內容正常開展編製的管理實驗項目的檔案，它使實驗管理者明確了項目的基本信息、使用對象、條件需求等內容。實驗考核辦法則是從學生學習角度對實驗教學效果起到有效的監督和評估作用。總之，通過這些教學文件的規範建設，從教師實驗教學建設、實驗教學組織、學生開展實驗、實驗效果評估、實驗項目的管理整個過程起到相當重要的作用。

經濟管理實驗教學課程內容的規範建設主要內容如下：

①實驗教學大綱

實驗課程體系設置的每一門課程，都應有相應的實驗教學大綱。實驗教學大綱是以系統和連貫的形式，根據學科內容及其體系和實驗教學計劃的要求編寫的實驗課程教學指導文件。

實驗大綱以綱要的形式明確了實驗課程適用專業和層次，學時與學分數，先行、後續課程，實驗課程的性質、目的與任務。以項目為單位組織的內容綱目包括實驗項目列表的學時分配表，課程的考核方式與成績構成比例，推薦的實驗教材與實驗指導書以及大綱使用說明等內容。實驗大綱是編寫實驗教材和進行實驗教學工作的主要依據，也是檢查學生實驗成績和評估教師實驗教學質量的重要準則。實驗教學大綱作為一門實驗課程的綱領性文件，一旦形成，將作為整門實驗課程內容建設

和教學開展的依據。

②實驗指導書（教材）

實驗指導書是指導學生明確參與某個實驗項目學習的目的和任務、實驗項目開展所需預習與準備要求、指導具體開展實驗以及完成實驗報告的詳細文檔。主要包括了實驗目的與內容、實驗的基本理論與方法（或實驗數據處理的基本步驟等）、實驗設備（軟件）及其工作原理（軟件架構）、實驗基本步驟（操作流程）、實驗記錄或數據處理、實驗注意事項、實驗預習與準備、實驗思考以及實驗報告基本要求等內容。實驗指導書是實驗項目設計內容的具體體現，實驗指導書內容以實驗項目為基本組織單位，目前通常按照實驗課程匯編，實驗指導書質量直接關係到學生實驗質量。

③實驗項目卡片

實驗項目卡片是每個實驗項目的基本信息檔案。不同高校採用的實驗項目卡片內容不完全一樣，但都包含了實驗項目名稱、實驗學時、實驗項目歸屬的實驗課程、實驗目的、實驗內容、實驗項目類別、實驗項目類型、實驗者類別、實驗要求以及開展實驗項目所需要的條件等基本信息。

實驗目的明確了通過實驗教學達到的目標；實驗內容明確了實驗項目主要做什麼；實驗項目類別指實驗項目的歸屬課程屬於學科基礎、專業主幹、專業選修的哪個層次；實驗者類別指上課學生是專科、本科還是研究生；實驗類型明確了項目屬演示、驗證、綜合、設計還是研究創新類型；實驗要求明確了項目屬必修、選修或開放；實驗條件主要包括實驗指導書、實驗教材、實驗軟件、設備及實驗教學材料等要求。

④實驗考核辦法

實驗考核方法是學生實驗的指揮棒，科學合理的考評辦法能起到很好的引導和督促作用。經濟管理類實驗類型廣泛、不

同類型教學特點各不相同，積極探索符合經濟管理實驗教學特點和規律的實驗考核評價體系，注重實驗考核方式的多元化和考評指標的規範化，建立健全科學的實驗考核制度，一方面避免了不同教師有不同標準，另一方面激發了學生對實驗的學習興趣和探索精神，培養了良好的操作技能和科學嚴謹的實驗作風，為經管類學生走上工作崗位奠定了堅實的基礎。

（2）經濟管理實驗課程的更新

隨著社會需求變化和實驗教育技術、手段的迅速發展，實驗課程更新和完善工作顯得非常重要。實驗課程的更新完善主要是指實驗項目的更新建設，其建設仍然要遵循實驗課程基本的建設規範。實驗項目的更新完善主要包括兩個方面：一是實驗內容的更新。定期更新實驗項目內容，使得實驗項目與社會發展緊密聯繫。二是實驗形式的更新。同一個實驗項目可以採取多種方式進行實驗教學，結合實驗教學技術手段的進步，完善和改進實驗教學條件，採用更加科學合理的實驗教學方法，提高實驗教學效果。

第 3 章

經濟管理開放實驗教學平臺建設

　　開放實驗是傳統實驗教學的延伸和發展，是培養大學生實踐能力和創新創業能力的重要手段。新形勢下，經濟社會發展對經濟管理人才的需求轉向了應用型、創新型。為滿足經濟社會發展對人才的需要，高等院校經濟管理人才培養目標也必須順應經濟社會發展規律，而經濟管理開放實驗教學平臺是培養高素質應用型、創新型人才的重要載體，是經管類學生實踐能力和創新創業能力塑造的主要場所。教育部在《關於進一步加強高等學校本科教學工作的若干意見》中指出：各高校要整合資源，增加綜合性、設計性實驗，注重學生應用能力和創新能力的培養，實驗室要增加開放時間，提高設備的使用效益。2011 年，教育部、財政部《「十二五」期間高等學校本科教學質量與教學改革工程》（簡稱「本科教學工程」）建設目標中明確提出：「整合各類實驗實踐教學資源，建設開放共享的大學生實驗實踐教學平臺」，「提高大學生解決實際問題的實踐能力和創新能力」。要培養學生的實踐能力和創新能力，必須構建與之相適應的開放實驗教學體系和開放實驗教學平臺。因此，研究和探索經濟管理開放實驗教學平臺建設與實踐具有重要的理論意義和實踐意義。

3.1 經濟管理開放實驗教學平臺概述

開放實驗源於20世紀60年代初期美國的物理實驗教學改革,又稱「自由實驗」、「可擴展實驗」、「開放式實驗」等,中國開放實驗是西安交通大學黃嘉豫教授於1979年在高校實驗教學改革中首次提出的。

開放實驗是相對傳統課堂實驗「四固定」的模式思路拓展開來的。傳統課堂實驗「四固定」模式即固定時間、固定空間(實驗室)、固定主體(班級)、固定內容(實驗項目)的實驗教學。傳統封閉型課堂實驗教學的局限性在當今人才培養中的不足逐漸顯露。首先,學生要在實驗課堂的時間內完成規定實驗,動手機會受到很大限制,阻礙了學生擴展性思維和創新能力的發揮,使學習處於一種被動狀態;其次,學生接受和掌握實驗技巧的能力各有不同,時間和場地的限制不能保證每個人都有充分的時間做完實驗;再次,經濟管理各學科之間存在著知識互通性和滲透性,學生往往不能滿足於只掌握單一學科實驗所涵蓋的內容,而希望根據自身的學習需要和興趣對實驗進行選擇性操作;最後,由於缺乏實驗平臺,無法支撐學生的創新設計項目。上述各種原因,使得經濟管理傳統課堂實驗往往不能從真正意義上實現培養和提高學生實踐能力的目的。為此,人們逐漸認識到引入開放性實驗的必要性,開始思考引入開放教育的理念,開始建設開放實驗教學平臺,即構建實驗時間、實驗空間、實驗主體、實驗項目內容、實驗過程等的全方位開放實驗平臺。

3.1.1 開放實驗及相關概念界定

（1）開放教育

開放教育是 21 世紀高等教育的基本理念。開放教育是指全過程開放的教育，包括教育政策的開放，教學觀念的開放，教學時間、地點和進度的開放，教學方法手段的開放等。在素質教育要求下，受高等教育資源的制約，高等學校需要大力推進開放教育。開放教育是中國新時期高等教育大發展的重要動力，作為高等教育的基本理念，開放教育不僅是必須的，而且是高校生存與發展的唯一選擇。開放教育既是學校資源相對有限的現實所迫，更是知識經濟和經濟全球化對高等學校人才培養工作提出的新挑戰。開放教育包括學校內部各部門之間、學校與學校之間、學校與企業之間、學校與社會之間以及學校與國際之間等層面上全方位的開放。一是學校內部教育資源的相互開放，充分利用好學校現有的教育資源；二是學校要直接參與社會進步與經濟建設，運用自身的智力優勢，全面向社會輻射，同時尋求和力爭各方的支持與幫助；三是走出國門，引進和輸出優質的教育資源，參與高等教育國際化的競爭。

（2）開放實驗

開放實驗是開放教育在實驗教學中的具體化。它要求將開放教育理念貫穿於實驗教學的內容、方法、手段、組織運行模式、實驗考核方式、實驗教學管理等各方面和所有環節之中。不能簡單地認為開放實驗就是實驗室時間和空間的開放，要正確全面理解開放實驗，需要從實驗教學、實驗學習和實驗管理三個角度去把握開放實驗的含義。

從實驗教學角度看，開放實驗是一種新的實驗教學模式，即教師根據教學情況，擬就若干個實驗項目，由學生選取後自行查閱文獻、自行擬就實驗方案、自行寫好實驗預習報告、按

需要預先約定使用實驗室，最後獨立完成實驗。在這種新的實驗教學模式中教師的作用主要是提供必要的理論引導和實驗指導。

從實驗學習角度看，開放實驗是創設一種開放的、自主的學習環境。良好的開放式教學環境和條件有利於學生的學習積極性和學習潛力的充分發揮，有利於創新人才的早期發現和快速成長，有利於學生自主學習和人才的個性化發展。

從實驗管理角度看，開放實驗是一種全新的實驗平臺建設和教與學的新型服務。對實驗教學管理提出了新的要求，甚至可以說是一種新的挑戰，需要樹立新的管理理念，尋求全新的管理方法，形成新的管理模式，使開放實驗既能保持一定的彈性和靈活度，又能自主、有序地進行。

綜上可見，開放實驗是以學生能力培養為核心，學生自主實驗為主導，對實驗教學資源進行全方位開放共享的實驗教學新模式。

（3）開放式實驗室

開放式實驗室主要是指實驗室及其室內資源的開放。它是一個相對的概念，相對於傳統封閉式實驗室而言。最低層次的開放式實驗室可以是某一實驗室的某一臺或若干臺設備的開放；高層次的開放式實驗室是由實驗室的所有軟、硬件組成的實驗環境開放，包括在這個環境中所有可以利用的資源、信息和良好的氛圍。開放式實驗室可以從時間、場所、對象三個維度展開，即實驗室時間上的全天候開放、實驗室範圍上的全方位開放、進入實驗室的人員的層次性開放。開放式實驗室是整個開放實驗的基礎，只有實驗室開放了，才能談實驗項目、實驗人員、實驗技術服務的開放。

（4）開放實驗項目

開放實驗項目是實驗教學內容以項目形式進行開放的一類

實驗項目。與封閉實驗項目相對，相對於實驗室開放，實驗項目的開放屬於較高層次的開放，實驗項目開放追求的是學生綜合實踐能力和創新能力的培養。開放實驗項目的運行主要有實驗項目提出者、實驗項目類型、項目完成途徑等，如果把實驗項目提出權、實驗項目類型選擇、實驗方案設計、實驗操作過程都交給學生去完成，這就屬於學生自主設計開放實驗項目與學生創新開放實驗項目。如重慶工商大學開放實驗項目是由眾多動態、精小靈活的實驗項目組成，並以學生自主選擇方式運行。每個開放實驗項目僅 3~8 學時，學生可根據自身需要，自主選擇實驗項目進行實驗。

3.1.2 經濟管理開放實驗的內涵

經濟管理開放實驗是用開放教育理念改造現有經濟管理實驗或設計全新實驗，是開放教育在經濟管理實驗教學中的具體化，它要求將開放教育理念貫穿於經濟管理實驗內容、實驗方法、實驗手段、實驗組織運行模式和實驗考核等各個環節，目的是迴歸經濟管理實驗的探尋本質，建立真正的以學生為主體的學習環境，調動學生的學習積極性和主動性。經濟管理開放實驗的內涵應從主體、客體和對象三個方面進行分析：

（1）經濟管理開放實驗的主體

從廣義角度講，經濟管理開放實驗的主體包括自願或強制前提下進行實驗的全體學生、老師和其他相關人員。個人因素、制度因素和環境因素對開放實驗主體的學習、教學和服務都會產生多種影響。狹義的經濟管理開放實驗的主體是指受這三類因素正向激勵影響的學生群體。

（2）經濟管理開放實驗的客體

開放實驗的客體是一個較廣泛的概念。從開放時空角度上來說，經濟管理開放實驗的客體包括時間開放、空間開放，即

實驗室在課堂實驗教學時間外，對學生群體的全面開放。從開放權利上來講，實際上是學生對實驗內容的選擇權利、實驗場地和儀器的使用權、實驗成績的獲得權。

（3）經濟管理開放實驗的對象

經濟管理開放實驗的對象是指經濟管理實驗教學資源的開放，既包括實驗環境、場地、儀器、設備、軟件、項目、教材、指導書等物化硬件資源的開放，又包括實驗教學師資、實驗技術人員等人力資源和實驗教學管理體制與運行機制的開放，也就是經濟管理實驗教學資源及其與之相匹配的制度、人員和服務。

3.1.3 經濟管理開放實驗內容

經濟管理開放實驗的內容包括經濟管理開放實驗進行的實驗時間、實驗空間、實驗主體、實驗項目、實驗過程等全方位開放。

（1）實驗時間的開放

實驗時間的開放是指突破傳統固定實驗教學的時間範疇，從時間維度上全天候開放實驗室，滿足實驗主體（教師、學生、科研人員等）根據自身時間需要到實驗室進行實驗的意願（包括遠程使用實驗軟件）。可以通過開放實驗時間預約的方式，科學合理地預約安排實驗室，有效利用實驗時間，提高實驗教學資源利用率。如重慶工商大學經濟管理實驗教學中心，採用彈性統籌安排實驗室開放時間，在課程實驗教學之餘，對學校師生進行全天候實驗時間開放（包括節假日、晚上等），大幅度提高了實驗室利用率。提供給學生、老師更多到實驗室的時間，做更多的實驗，有利於激發老師、學生的實驗教學與學習熱情，提高他們的實踐能力、探索精神和創新能力。

(2) 實驗空間的開放

實驗空間的開放是指經管實驗教學實驗室及其相應的儀器、設備、軟件等的開放化運行。除課程實驗教學外，對學生、老師、科研、社會等開放實驗室及其設備環境資源。實驗空間開放是開放實驗平臺建設和運行的基礎，借助網絡信息服務系統實現實驗空間的開放化運行，是培育經濟管理實踐素質和思維意識的需要，也是現代科學技術應用於實驗教學的必然發展趨勢。廣義實驗空間的開放還包括：一是實驗空間的社會化拓展性開放，即與企事業單位聯合建立實驗空間系統；二是面向社會企事業單位開放實驗空間及設備資源，有償或無償提供環境場地，實現實驗空間囿於學校實驗室空間概念的突破，加強社會資源與實驗教學資源的融合與利用。實驗空間的開放有利於開拓學生的視野和實驗資源的縱橫整合。

(3) 實驗主體的開放

實驗主體的開放是指除了對學生、教師、科研人員等學校內部服務對象進行實驗開放外，還可將服務對象延伸向校外社會，向其他學校、企事業單位和社會人員提供實驗服務等，履行大學實驗教育承載社會服務的部分功能。其基本方式：一是實驗教學主體的開放，即校外行業專家可到學校開設開放實驗項目，指導學生及相關人員進行實驗；二是實驗學習主體的開放，即由校內外老師指導，校外人員可到學校有序進行開放實驗項目的學習，核心主體還是校內學生。

(4) 實驗內容的開放

科學與真理來自生活，走向發展，教育內容本身就具有開放的屬性，經濟管理實驗尤其如此。開放實驗強調動態性，實驗內容安排上強調打破傳統教學內容的統一性和封閉性；引導關注前沿、面向實際、內容自選、按需施教、靈活施教；強調形象與抽象、直覺與分析、想像與思考的結合；注重開放性的

發散思維訓練。經濟管理開放實驗的實驗結果多數無統一答案，實驗內容的選材和問題的設計立足開放思維的訓練，用現實問題組成開放實驗的知識點。通過實際情景的開放體驗，啟發學生思考，提高他們的實踐技能和創新思維，以及認知問題、分析問題和解決問題的能力。

（5）實驗過程的開放

實驗過程的開放強調突破「問題→結論」的簡單式實驗的驗證流程。開放實驗教育的價值觀認為，開放實驗教學的根本目的不是走過場，而是在探索解決問題的過程中訓練思維意識和發展能力，激發學習主動尋找和發現解決問題的思路、方法並發現新問題。開放實驗依據認知的科學規律，理順「問題→過程→結論」的關係，還原「過程」的發現功能、創新功能，開放實驗「過程」中借助實驗環境，實現啟發、討論、探究、實驗、質疑、爭論、搜集信息、自主學習等的開放基本形式，摒棄注入式、教條式封閉實驗過程。

3.1.4 經濟管理開放實驗的特點

（1）開放性

開放性體現在多個方面：一是實驗教學資源的開放，包括實驗室、實驗儀器、實驗設備、實驗場景、實驗人力資源等資源的開放；二是實驗主體的開放，包括對全校經管類和非經管類學生的開放、對校外學生、社會人員、企業、事業單位的開放；三是實驗內容與過程的開放，實驗內容的選擇可以是開放、自由的，過程開放中實驗操作人員可以選擇不同的設備和不同的方法、途徑完成實驗；四是實驗管理的開放，借助開放管理信息平臺，公開實驗資源條件、項目內容、運行機制和考核評價等資源信息和管理辦法。全方位的實驗開放是開放實驗的精髓所在，這既是開放實驗的本質特點，也是開放實驗追求

的終極目標。

（2）自主性

開放實驗作為一種新型的實驗教學模式，將傳統實驗教學以教師為中心轉向以學生為中心，讓學生在時間、空間、實驗內容和過程上都有較大的選擇性和自由度，賦予學生使用實驗資源的自主使用權、實驗內容的設計權、實驗過程的控制權等。

在開放實驗前，學生擁有實驗內容的選擇和實驗項目的提出權，實驗內容既可以由學生自主安排、設計和組合，也可以選擇做常規實驗課上沒有完成的項目，甚至可以結合自己的需要有選擇性地進行實驗操作；開放實驗過程中學生擁有獨立設計實驗方案、自主選擇設備、獨立完成實驗操作步驟的主動權，實驗後學生要通過自己的思考和大家的討論來解決實驗中的新問題、新發現。老師在開放實驗中主要是提供必要的理論指導和實驗引導。實驗不再由老師強制灌輸、學生被動接受，開放性實驗為學生提供了一個不受約束、充分發揮個性的場所，學生可以根據自己的興趣愛好和特長，選擇自己喜歡的內容。使學生實驗學習從被動「要我實驗」轉向主動「我要實驗」，學生實驗的主觀能動性得以發揮，實驗的主動性和積極性得以充分調動，在主動實驗中學生才能既動手又動腦，在「雙動」中完成經濟管理理論知識向自我知識內化的轉移和實踐創新能力的轉化。

（3）靈活性

開放實驗的靈活性體現在學、教、管三個方面。

①實驗過程靈活

開放實驗教學是根據學生個體的差異性設計實驗學習過程，最終實現經濟管理實驗教學目標。傳統的實驗教學是讓全班學生按規定的內容在限定的時間內齊步走，難以滿足個體和

社會對人才培養的需要,必然使一部分學生「吃不飽」、受到壓抑,一部分學生跟不上、敷衍了事,大部分學生被動模仿。開放實驗教學允許每個學生從自身的起點出發,根據自己的實際情況,結合實驗環境條件,經過各自不同的學習途徑,達到學習目標,這種通過過程差異去調節和塑造個體差異的結果,使每個學生都得到切實的收穫,實現學生個體的效用最大化,實驗教學效果的最優化,這正是經濟管理開放實驗教學追求的目標。

②教學內容、方法靈活

開放實驗教學內容活是指實驗內容與學科發展和社會要求緊密聯繫,結合經濟管理發展中的企業、事業等行業真實案例,與時俱進,不斷推陳出新,開發開放實驗內容及項目。開放實驗教學是一個不斷循環、不斷發展的動態過程,而不是某一結果。因此,它始終處於動態發展的變化過程之中,這就要求經濟管理實驗教學內容緊密結合經濟社會發展實際,不斷豐富和發展,同時開放教學方法也必須靈活多樣,以滿足實驗教學內容的需要。

③實驗管理靈活

實驗教學過程的差異性是以管理的活化為前提和保障的。實驗過程管理的活化,體現在為實驗主體的具體實驗學習過程提供可行的實驗資源和條件,確保實驗順利進行。在實驗時間、實驗內容、實驗方法、實驗次數等方面,開放實驗的限制很少或根本不加限制。盡可能提供方便的實驗場地、環境、儀器、設備、技術人員等硬軟件資源,需求彈性大,根據開放實驗教學自主安排的需要,打破固定時間、地點的界限,提供方便的服務,這就需要從管理理念、管理方法、管理模式等方面進行改革和創新,以保障開放實驗靈活、彈性地有序開展。開放實驗對服務時間、能力、信息平臺等都提出了更高的管理要

求，給實驗管理工作提出了全新的挑戰，這需要以彈性服務與之相匹配。

3.1.5 經濟管理開放實驗平臺建設的必要性

（1）深化教育教學改革發展的需要

為適應經濟全球化，經濟管理類的教育理念需要在發展戰略、結構佈局、培養目標等方面做出新的思考和探索，開放實驗教學平臺是實施開放素質教育的一個重要物質場所。建設和完善經濟管理實驗開放教學平臺是當前開展開放教育，深化教育教學改革的迫切需要。

（2）培養經濟管理創新性人才的需要

經濟管理開放實驗教學平臺給學生創造自主進行實驗活動的環境，讓學生自主選擇感興趣的實驗，利用開放的網絡共享資源、系統信息資源和相應的專業實驗技術軟件進行項目設計與實驗操作，補充課程教學的不足，使學生在理論知識運用、實踐能力提高和創新能力培養等方面得到全面發展。

（3）提高實驗教學資源利用率的需要

經濟管理類實驗教學資源包括實驗場景、計算機與專業教學軟件、數據與案例庫等。實驗場景很容易過時，計算機與專業教學軟件價格高，且使用壽命一般為3～5年，數據庫的更新時間就更短了，金融類數據庫每天都需要更新，經濟社會統計類數據庫月、季、年等也需要更新和補充。經濟管理案例也需要與時俱進。如果不開設開放實驗，僅讓學生在有限的課程實驗內使用實驗教學資源，實驗資源的利用率會很低，尤其是專業性強、實踐性強的資源，大多數時間都處於閒置狀態，資源浪費極大。因此，開放實驗教學平臺可以最大限度地開發與利用實驗教學資源，提高資源利用效率。

（4）提升教學能力與科學研究能力的需要

開放實驗教學平臺給老師、學生提供了更多的實驗互動時間和空間。一方面，學生的自主選擇迫使老師更科學合理地設計開放實驗項目，豐富實驗內容；學生自主設計實驗項目的設計思路可以隨時與老師進行探討，調動學生自主學習的主動性；行業專家帶入的實驗項目，更具有實用性。另一方面，老師在準備、指導開放實驗過程中，必須深入研究，從而拓展自身的知識面，提升自身的教學和科研能力，還可以將科研項目帶入開放實驗，帶領學生一起做，有效利用學生資源。這樣既可以豐富實驗教學經驗、提高業務能力和科研能力，又可以給學生提供鍛煉機會，實現多贏。

3.2 經濟管理開放實驗教學平臺建設現狀

中國高校經過近年的教學改革與探索實踐，在實驗教學如何培養創新型、複合型高素質人才方面已經形成了基本共識。要使高校實驗室真正成為學生實踐能力和創新精神的培養基地，必須對已有實驗室和實驗教學模式進行改革，構建開放實驗教學體系，搭建開放實驗教學平臺。

3.2.1 經濟管理開放實驗教學平臺建設現狀

目前，開放實驗教學作為一種新型教育模式，在高等院校展開了廣泛研究和實踐，尤其是在實驗驗證性強的理、工、農、醫等學科領域和相關院校研究甚多。有研究者認為，構建開放式實驗教學體系是一項系統工程，其內容涵蓋開放式的教學理念、實驗項目、實驗內容、實驗設備、實驗考核方式、實驗時間以及開放實驗的運行管理機制等，其核心是開放實驗課

程及實驗項目結構的優化。有研究者認為，開放實驗教學體系建設的核心要素包括：實驗教學（教學理念、課程體系、教學內容、教學研究、教學效果）；實驗隊伍（隊伍現狀、融合模式）；管理模式（學科管理、網絡信息平臺）；設備環境（儀器設備、政策與機制、環境與安全）等四個方面。

　　有關經濟管理開放實驗教學平臺的研究成果甚少，有人從宏觀層面提出了開放實驗基本框架：以實驗教學硬軟件建設、課程體系、師資隊伍為前提，採取時間、分層、交互、管理、服務五種模式，設立開放基金和建立規範的管理運行機制。有的研究者從開放性實驗教學的內涵、優勢、構成要素及實施過程進行分析，並對其實踐進行初步探索。還有的研究者從微觀視角以「ERP沙盤模擬演練」為例，提出經管類開放實驗項目的選題、設計和保障體系是經管類開放性實驗的關鍵成功因素。現有研究僅停留在對經濟管理開放實驗平臺局部的構思與設計階段，而對經濟管理開放實驗平臺建設系統性的研究尚缺乏，平臺建設什麼？怎麼建？建設內容和建設途徑研究與實踐尚很欠缺，亟需深入研究。

　　經濟管理開放實驗教學平臺建設實踐層面，因經濟管理開放實驗教學項目載體的缺乏和有效運行機制的缺失，經濟管理開放實驗教學多停留在理念層面，實際開放實驗教學開展空虛化，落到實處的院校尚少，而且因實驗教學組織機構設置和實驗教學硬件條件的差異，財經類院校和綜合型大學的做法各異，各有特色。

　　（1）財經類院校經濟管理開放實驗教學平臺建設現狀

　　財經類院校實驗教學平臺多是從院系學科實驗室整合而形成的實驗教學中心平臺，屬各院系共建共享實驗教學資源平臺。財經類院校經濟管理學科門類相對齊全，學生人數較多，實驗室建制齊全，實驗場地寬鬆，實驗儀器、設備較多，有獨

立的管理機構、專職的實驗技術人員和管理人員，有的院校還有專職的實驗教師隊伍和實驗研發團隊。

①經濟管理實驗教學硬資源的開放

經濟管理實驗教學硬資源多為實驗室、場景、計算機等，部分財經類院校對全校學生或經管類學生進行硬件資源的開放性無償使用，學生可根據需要預約實驗室或實驗指導老師，自主進行開放實驗。

②經濟管理開放實驗教學管理信息系統建設

有的財經院校開發了自動化開放實驗信息管理系統，為開放實驗項目的申請、實驗室的預約、實驗室使用情況查閱、實驗運行監督管理等提供了方便。如廣東金融學院等高校都購買或研發了專門的開放實驗資源信息系統。

③經濟管理開放實驗項目建設

組織老師開發專門的開放實驗項目，建立開放實驗項目庫，為學生進行開放實驗提供項目選擇。同時，鼓勵學生自主設計項目，帶入實驗室，自主實驗，但學生自主開發實驗項目難度大，受自主開發設計能力的限制，很少有學生自主開發項目。

④經濟管理專業學科競賽與開放實驗教學有機結合

以賽促學，賽學結合。經濟管理類學科競賽項目近年來逐漸增多，如「全國大學生管理決策模擬大賽」、「數學建模比賽」、「創業大賽」、「投資理財模擬大賽」等，經濟管理開放平臺為專業學科競賽的演練提供了良好的練習場所。

⑤經濟管理開放實驗的管理制度建設

建立與經濟管理開放實驗相適應的管理制度，如建立健全開放實驗室管理制度、開放實驗預約制度、開放實驗考核制度等。

(2) 綜合型大學經濟管理開放實驗教學平臺建設現狀

綜合型大學學科門類多，其經濟管理類專業多集中在一兩個學院（系），相對而言經濟管理類專業學生人數少，經濟管理開放實驗教學平臺屬院系內部平臺，經濟管理用實驗場地、儀器、設備相對偏少。開放實驗平臺建設多側重於科學研究型。如重慶大學經管類學院設立的經濟管理開放創新項目基金，針對校內外開放徵集創新項目，並給予一定的經費支持。

總而言之，財經類院校經濟管理開放實驗平臺的建設偏向於開放教學型、應用型平臺建設，如重慶工商大學、廣東商學院等在開放實驗教學方面做了大量探索；綜合性大學的經管類院系則側重科研創新類開放實驗的探索，傾向研究型開放平臺的建設。

3.2.2 經濟管理開放實驗教學平臺建設存在問題

經濟管理開放實驗教學在中國尚處於起步階段，支撐經濟管理開放實驗教學的平臺建設雖然在探索中取得了一系列成果，但仍然存在多方面的問題。總體說來，目前高校經管類專業開放實驗形式單一，深度不夠。由於經管類實驗起步較晚，其開放實驗主要側重於時間和空間開放，缺乏富有吸引力的實驗項目，開放實驗工作舉步維艱。雖然某些高校重視並探索實驗內容（項目）開放工作，但實驗項目往往來自課程實驗，實驗內容陳舊，不能與實務發展相適應。某些高校雖以立項的形式進行實驗項目開放工作，如學生科研創新基金。但這種方法更適合理工類專業，對於經管類專業來說，學生不進實驗室也能完成相應的研究工作。

(1) 開放平臺建設滯後

傳統實驗平臺建設強調以硬件建設為中心，其建設理念是「以物為本」，實驗建設管理部門更多地關注實驗室硬件設施

的建設和管理，其管理形式和目的是「控制人」，而不是關注人的全面發展，並滿足其需求。在這種理念下，實驗建設管理實施主要是通過行政命令落實措施的，是一種自上而下的管理，體現出了專制的特點，忽視了開放實驗的目的是為了人的培養，培養具有創新意識和創新能力的個性化人才是開放實驗的最終目標。因此，開放實驗平臺建設的目標有待提升。傳統實驗平臺建設缺乏願景目標、文化內涵、人本管理等新理念的指導。

（2）開放實驗教學管理模式建設不健全

開放實驗教學組織、教學內容、教學對象、教學目標等要素相互作用形成了開放實驗教學的模式，開放實驗教學的模式還很不健全。例如：開放實驗教學更多停留在對實驗室的時間、空間、設備等靜態的物的開放和管理上，即以實驗室開放管理為主，實驗項目開放教學與管理還很不成熟。

（3）學生的主體性沒有很好發揮

經濟管理開放實驗教學組織形式單一，更多還是由老師設計、組織、甚至主講，學生的自主性僅停留在實驗項目自由選擇這個環節點上，沒有很好地激發調動學生的積極性和主動性。

（4）開放實驗管理制度僵化，缺乏有效激勵機制

主要表現在：一是實驗項目的形成機制不合理，來自科研課題和行業企業的實驗項目缺乏進入開放實驗的通道，現有開放實驗項目缺乏創新性和實用性導致學生參與積極性不高。二是缺乏對參與開放實驗的學生和教師成果的認定機制。不能合理認定學生參與開放項目的學分，也不能對指導教師的工作量給予合理的計算，導致學生和教師缺乏參與開放實驗的積極性，開放實驗教學改革必然難以有實質性突破。

（5）開放實驗管理技術手段落後

開放實驗大多還採用人工進行管理，存在工作繁瑣，效率

低下等弊端。利用現代網絡技術，設計開發完善開放實驗網絡管理系統，實現開放實驗教學管理的網絡化、信息化管理勢在必行。

3.3　經濟管理開放實驗教學平臺建設的內容

3.3.1　經濟管理開放實驗教學平臺的類型

經濟管理開放實驗教學平臺根據不同的劃分標準，有多種類型。

（1）按開放的程度劃分，有完全開放實驗教學平臺和半開放實驗教學平臺。

完全開放實驗教學平臺是將開放實驗與課程實驗融為一體，分層次設置開放實驗教學課程體系和內容，通過必修實驗與選修實驗的方式，實現學生個體異化培養過程，達到個性化教育培養的目的，這是高層次的開放實驗教學。高校需要對原有課程實驗教學體系進行開放性變革，改造成開放實驗教學體系模式。

半開放實驗教學平臺是與課程實驗教學平臺並行，獨立運行的開放實驗教學平臺，原課程實驗不變，通過單獨設立開放實驗課程和項目，經學生自主選擇開放實驗項目，完成實驗內容，達到實驗主體局部過程異化的教學培養目標。

（2）按開放的性質劃分，有教學型開放實驗平臺和科研創新型開放實驗平臺。

教學型開放實驗平臺側重於以開放的方式進行實驗教學的平臺，是基礎層次實驗教學的開放平臺；科研創新型開放平臺是針對科學研究創新的實驗需要，提供方便的研究場所，是更

高層次的開放平臺。

（3）按開放程度與開放性質結合劃分，經濟管理開放實驗平臺包括完全開放教學型經濟管理實驗教學平臺和完全開放科研創新型經濟管理實驗教學平臺，半開放教學型經濟管理實驗教學平臺和半開放科研創新型經濟管理實驗教學平臺（見表3-1）。

表3-1　　　　經濟管理實驗教學平臺類型

名稱	完全開放實驗教學平臺	半開放實驗教學平臺
教學型開放實驗平臺	完全開放教學型實驗教學平臺	半開放教學型實驗教學平臺
科研創新型開放實驗平臺	完全開放科研創新實驗教學平臺	半開放科研創新型實驗教學平臺

3.3.2　完全開放經濟管理實驗教學平臺建設

（1）完全開放經濟管理實驗教學體系

①課程體系。完全開放經濟管理實驗教學平臺課程體系是將實驗課程體系按能力培養要求建設，並具有層次性和系統性，如建設基礎性、專業性、綜合性、研究性的系列實驗課程等。課程類型多樣，建立獨立設置的實驗課程、課程實驗、基於實驗的研討課、基於實驗項目研究的項目課等，還要區分必修課和選修課。

②自主選擇。實驗課程除必修的課程外，還提供給學生自主選修課程。必修課和選修課的實驗項目菜單化，學生根據培養目標、專業學科知識、技能要求等自主選擇實驗項目，構成課程實驗班、實驗小組等，在保證基本要求的基礎上提供學生更多的自主選擇。

③課外開放教學。開設的實驗選修課、各類專業學科競賽活動、學生專業俱樂部活動、學生自主進行項目研究等課外開放教學項目，要盡可能豐富，課外開放實驗教學量（人時數）占實驗室實驗教學總量的比例應不斷提高。

④科研創新教學。積極開展學科競賽和課程學習競賽，鼓勵學生自主提出科研創新型項目和參與教師科研人員的科研創新項目，推進研究性學習。科研創新型教學活動系列化、類型多樣化、內容豐富化，並具有可持續性。將學生科研創新學習成效納入課程考核成績，或單獨計算學分。

（2）完全開放經濟管理實驗教學內容

①項目類型。實驗項目按基礎型、專業型、綜合設計型、研究探索型四個類型設置，其中各種類型的比例按1：1：1：1的比例設置。當然這個比例在不同專業學科開放實驗內容設計上可根據學科專業特徵適當調整。

②項目利用。學生自主選擇時，各類型的項目利用有一定的比例配比，以防止學生傾向擇易避難的機會主義行為。尤其是綜合設計型、研究探索型實驗項目被利用的頻度要適當增加。

（3）完全開放經濟管理實驗教學評價

①學生基本技能。學生基本知識、實驗基本技能要寬厚紮實。

②學生實驗成果。學生實踐能力、創新能力強，有較高水準的實驗創新成果，作品內容豐富，有正式發表的論文或批准的專利。還要將學生參加學科競賽、課程學習競賽獲得的獎項等納入評定範圍。

③學生教學評價。學生對實驗教學內容的開放與管理模式充分認同，對綜合設計型、研究探索型實驗項目評價，對實驗室開展學科競賽、課程學習競賽、自主提出實驗課題進行研究

等活動評價的反饋。

(4) 完全開放經濟管理實驗教學隊伍

①隊伍結構。完全開放經濟管理實驗教學隊伍包括教學隊伍、管理隊伍和技術隊伍，三支隊伍結構要合理，符合實驗教學實際需要。實驗教學隊伍與理論教學隊伍、行業專家隊伍互通，核心骨幹隊伍相對穩定，形成理論、實驗、行業動態平衡。實驗教學隊伍教風優良，嚴謹治學。任課教師由專職實驗教師、理論課為主的教師（兼職）、專職科研人員（兼職）、企事業單位行業專家和研究生等幾部分組成，且分佈合理。政策措施得力，能引導和激勵高水準教師和行業專家積極投入實驗教學。

②崗位設置。實驗室負責人專業學術水準要符合要求，熱愛實驗教學，管理能力強。實驗課程改革、實驗項目建設、網絡信息平臺建設、課外研學活動建設等支持完全實驗開放的崗位職責要明確，由高級職稱人員擔任崗位負責人，責任到位。加強實驗技術隊伍建設，鼓勵專職實驗技術人員積極參加教學科研活動，主持或參加校級及以上教學改革與學科研究課題。

(5) 完全開放經濟管理實驗教學網絡平臺

①教學網絡資源。完全開放經濟管理實驗教學需具有豐富的教學網絡資源和信息資源，主要包括媒體素材，是傳播教學信息的基本材料單元（包括文本類素材、圖像類素材、音頻類素材、視頻類素材、動畫類素材五大類）、課程及項目庫、試題庫、課件（包括電子課件）、案例、文獻資料、常見問題解答、資源目錄索引及網絡課程、教學軟件、教學課程信息、實驗室信息等。

②網絡平臺功能。平臺系統功能需從不同用戶的功能需求出發，將用戶的權限等級分為三種，分別為學生、教師及系統管理員。

學生用戶功能。包括教學管理、在線實驗、教學評估。教學管理主要查看教學通知及教師教學日程安排、提交實驗預約申請、在線提問、上交作業、課件點播、成績查閱等。在線實驗則根據開放實驗教學日程安排，在特定時間參與在線實驗教學。教學評估包括參與實驗教學情況調查及教學效果評價等。

　　教師用戶功能。包括課程項目管理、班級管理、教學管理、在線實驗、教學成績評定。課程項目管理包括進行開放實驗課程項目的申請及內容信息的發布，教師根據課程及教材、項目的變化，添加修改實驗課程及項目內容等；班級管理是根據學生選課情況進行班級學生的查看、添加與刪減管理；教學管理主要是進行教學日程安排、查看學生的實驗預約申請情況並審批、通過留言板進行答疑、批改作業、上傳資源等，查看學生學習情況。在線實驗根據教學日程安排，可在特定時間開設在線課堂，進行在線實驗教學，尤其是網絡軟件對抗類實驗。教學成績評定是對學生開放實驗的結果進行評價並給出學生成績。

　　管理員用戶功能。系統管理員登錄後，可以對教師、學生、課程、課件等信息進行維護管理，包括帳戶管理、課程管理、班級管理、教務管理、數據管理等。帳戶管理是管理員定期統一將學生、老師註冊所需要的驗證碼提交到後臺數據庫服務器以管理師生帳戶；課程管理是對課程項目的徵集、添加、修改等的變更；班級管理是根據學生選課情況進行實驗課程班級的編排，教室的安排等班級信息的生成、組織與管理；教務管理是查看教師的教學日程安排、實驗預約清單、答疑統計、批改作業統計、在線時間統計、上傳資源統計等，查看開放實驗教學情況，並通過系統事務管理模塊發送學校教學計劃調整、添加新課程等各方面的通知信息；數據管理是指對實驗數據庫與數據的備份等的管理。

③網絡技術架構。系統整體採用的是 B/S 結構，服務器架構包括流媒體服務器、web 服務器及數據庫服務器。其中流媒體服務器向教學平臺提供豐富的課件、視頻等教學材料，服務器採用 Flash Media Server3 保證了系統的可擴展性、高安全性，Flash Media Server 具有強大的交互能力，是流媒體市場上的主流勢力。Web 服務器則用以發布系統網站，系統網站的頁面和應用程序將會安裝在此服務器上。數據庫服務器用以儲存視頻數據信息，網站的後臺數據信息都存儲在此服務器上。本系統中將流媒體服務器、Web 服務器和數據庫服務器統一架構在一臺服務器上。服務器硬件系統採用的是 PC Server 機型，安裝 Windows Server 2003 操作系統。採用 Flash MediaServer 3、SQL Server 2005、Visual Studio 2005 等工具開發，綜合使用了流媒體技術、網絡技術、數據庫技術和網頁製作技術。

（6）完全開放經濟管理實驗教學管理制度

①教學運行制度。包括開放實驗運行管理辦法、監督、考核辦法等。

②實驗室管理制度。包括開放實驗室建設制度、開放實驗室使用管理制度、實驗室安全管理制度、儀器與設備維護管理制度等。

3.3.3 半開放經濟管理實驗教學平臺建設

半開放經濟管理實驗教學平臺相對建設規模和內容要少得多，它是在保持原課程實驗平臺體系的基礎上與課程實驗共享共建實驗資源，增設開放實驗課程項目和開放運行機制，嵌入開放實驗信息管理系統。

（1）增設開放實驗課程與項目。新增設開放實驗課程與項目，補充和完善原有課程實驗的不足。如重慶工商大學新增設的「經濟管理創新與實踐」課程，開放式地吸納經濟管理

學科普通實驗項目和創新實驗項目 150 餘項，構建成「開放實驗項目超市」，對全校學生開放。

（2）建立開放實驗教學管理辦法。建立開放實驗教學管理辦法，規範開放實驗的項目申請、審核、開放選課、開放教學、開放管理和開放結果的評定辦法，建立健全開放實驗室的管理辦法。

（3）開放實驗運行管理信息化。開發開放實驗運行管理軟件，該軟件接口可直接嵌入實驗教學網站。對開放課程項目進行信息化管理，減輕開放實驗運行工作量。

3.4　經濟管理開放實驗平臺建設典型案例

重慶工商大學經濟管理實驗教學中心（以下簡稱「中心」）在培養學生實踐能力和創新創業能力方面，創新開放實驗教學理念，搭建開放實驗教學平臺，開創性構建了「經濟管理開放實驗項目超市」，建立學生專業俱樂部，舉辦學科專業競賽活動等，取得了明顯成效。

3.4.1　重慶工商大學「經濟管理開放實驗項目超市」平臺

（1）「經濟管理開放實驗項目超市」的內涵

「經濟管理開放實驗項目超市」是由眾多動態、小而精的實驗項目組成，以學生自主選擇方式運行的綜合性經濟管理開放實驗教學模式。「超市」中的每個實驗項目僅 3～8 學時，學生可根據自身需要，進入項目「超市」，自主選擇實驗項目進行實驗。「超市」面向全校學生開放，學生累計選修 15 學時，記 1 學分，累計選修 30 學時，記 2 學分。為便於學分歸集，中心通過設置「經濟管理實踐與創新」通識課程，將經

濟管理類的開放實驗項目全都歸集到該通識課內，學生該門課程最多可修兩個學分。開放實驗項目學分計算見表3-2。

表3-2　　　　　　開放實驗項目學分計算表

學分類型	第一課堂素質拓展類文化素質通識課學分（A類）		第二課堂素質拓展類學分（B類）
學分代碼	A1	A2	B
學 分 值	1	2	≤0.5
累計學時	15	30	
選課注意事項：A類學分，A1與A2只能修其一，不同項目可分別選記A類和B類。			

開放實驗授課教師工作量，按實際申請項目授課學時數的一定系數計算，一般確定為1~1.5的系數。

(2)「經濟管理開放實驗項目超市」的項目來源及特點

①「超市」項目來源

「開放實驗項目超市」的項目來源，以開放、自願申請的方式，向高校教師、企業行業專家、事業單位專家、學生等多方徵集而來，包括創新開放實驗項目和普通開放實驗項目兩大類。

創新開放實驗項目的來源：一是從教師科研課題轉化（提煉）而來的項目。教師將在研的縱向、橫向經濟管理類課題轉化成適合開放實驗項目要求的精小實驗項目。一個科研項目可轉化成多個開放實驗項目，這種模式將科學研究與實驗教學有機地融合在一起。教師以開放實驗的方式帶領學生做科研課題，一方面，教師既有助於增加課題研究的幫手，又可以獲得課時工作量；另一方面，學生既可以獲得學分，又可以跟著老師瞭解前沿理論和學習科研方法。二是企、事業單位委託項目。企業、事業等單位委託的橫向研究項目，經教師將委託項

目轉化成開放實驗項目，帶著學生一起完成，讓學生在項目中學習和鍛煉。三是學生自主創新項目。學生根據自己的興趣愛好等自行設計的創新實驗項目，或申請校內外科技創新項目，經審核作為開放實驗項目。

　　普通開放實驗項目來源：一是教師課外普通綜合性、設計性開放實驗項目。教師根據開放實驗教學要求，自行設計課堂教學計劃外的項目。這類項目一般以一塊相對獨立的知識模塊或能力訓練為主，如企業設立、網上開店、網店美化等項目。該實驗項目不屬於實驗教學計劃內項目，主要是由於學生專業或課時限制所致。二是行業實務轉化而來的實驗項目。引入企業、事業單位等的行業專家，把工作中的實務轉化成適合於開放實驗的項目。這種模式把企業、事業單位的實務直接由專家帶入實驗課堂，將開放實驗與行業實務有機地融合，既有利於學生瞭解行業最新實務及行業發展現狀，提高實驗興趣，也有利於行業培養並選拔人才，給行業專家搭建了走進課堂的機會。指導教師可享受學校外聘行業專家的勞動報酬。三是學生素質拓展性培訓項目。學生素質類拓展訓練的活動，尤其是學科專業素質拓展的活動，通過「素質＋實驗＋學分」三位一體的開放實驗，經過提煉轉化成適合的開放實驗項目，如炒股技術指標解讀與實踐等，滿足了非經管類學生對人文社科素質訓練及學分的需要。四是學生自主設計的實驗項目。學生自主根據自己的專業知識等的需要，自主設計，自主實驗的項目，多為專業學科競賽相關的項目，如大學生管理決策實戰訓練、ERP經營決策等。這種模式將學科競賽與開放實驗有機融合，為學科競賽打下了良好基礎。

　　②「超市」項目特點

　　一是開放性。「開放實驗項目超市」面向全體在校本科及研究生開放，一方面，學生可根據自身的需要，自願選擇，可

供選擇的個性化空間較大，有助於個性化人才的培養；另一方面，項目的來源、實驗指導師資隊伍都是全開放的。

二是自主性。學生既可自主選擇「超市」項目庫的項目，也可自主設計項目帶入實驗課堂。

三是融合性。一方面實現了行業實務向實驗教學項目轉化，將行業與實驗教學有機融合；另一方面實現了科研課題向實驗教學項目的轉化，將科學研究與實驗教學有機融合；還將實驗教學與學科競賽有機融合。

這種開放實驗項目模式的創新，在全國經管類院校中尚屬首創，很多實驗項目都是開創性的。

（3）「經濟管理類開放實驗項目超市」的運行機制

運行機制是「開放實驗項目超市」有效運行的保障。中心結合學校《重慶工商大學教學實驗室開放管理辦法》、《重慶工商大學學生素質拓展第二課堂活動學分管理辦法》、《重慶工商大學學生素質拓展培訓類課程管理辦法》等相關文件，探索性制定了《經濟管理實驗教學中心開放管理辦法（試行）》。每學期開學，公開向經管類師生、行業專家等徵集開放實驗項目，經學校經濟管理實驗教學指導委員會審核，符合開放實驗項目要求的放入「項目庫超市」，供全體在校學生自主選擇，單個項目選課學生人數達到最低開課人數即可開課。

運行機制設計充分利用學校學分制提供的條件：綜合應用素質學分不能低於 2 分，創新學分不能低於 2 分。充分考慮項目的動態淘汰、嚴格控制質量、打造精品項目的目標。「開放實驗項目超市」的運行機制流程見圖 3-1。

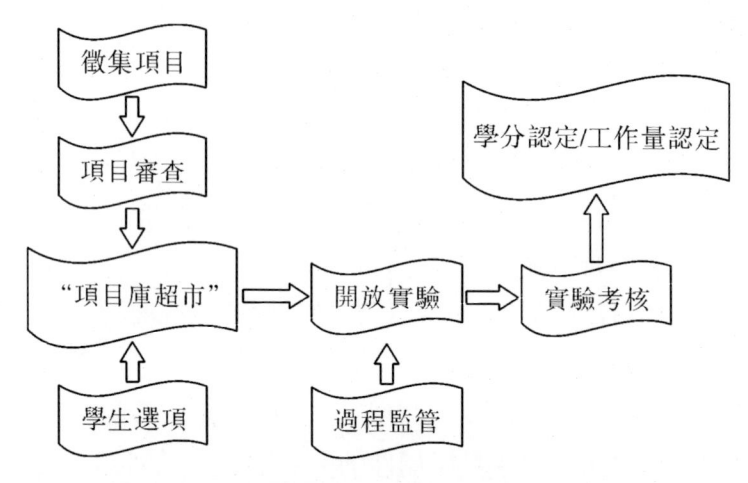

圖 3-1 「開放實驗項目超市」運行機制流程圖

①徵集項目。中心根據學校相關開放實驗的管理辦法，制定了《經濟管理實驗教學中心開放管理辦法（試行）》，定期（一般每學期第 1～3 周）公開向全校師生、企業、事業單位的行業專家徵集經濟管理開放實驗項目。開放實驗項目申請人通過中心網站在線提交徵集項目。

②項目審查。中心對申請人提交的項目，組織經濟管理實驗教學指導委員會專家進行審核，嚴格控制項目質量。對審核符合開放實驗要求的，進入「開放實驗項目庫超市」；經審查不符合要求的，建議修改可進入「超市」的，通知申請人按專家指導意見修改後進入「超市」；對不符合准入要求條件的，堅決不能進入「超市」。部分典型開放實驗項目見表 3-3。

表 3-3　「開放實驗項目超市」的部分實驗項目

項目序號	項目名稱	項目類型	學時
1011101	上市公司購並案例的財務分析	D	4
1011102	股票交易實戰看盤技巧及技術指標靈活運用	E	4

表3－3(續)

項目序號	項目名稱	項目類型	學時
1011103	公務員錄用結構化面試實訓	D	4
1011104	理財規劃——投資理財規劃	E	8
1011105	理財規劃——消費支出規劃	E	8
1011106	中國股票投資分析技術與實戰技巧	E	8
1011107	Windows 操作系統安全設置實驗	E	4
1011108	電子商務交易實驗	E	4
1011109	網上證券與網上商店實驗	E	4
1011110	網上銀行與安全支付實驗	E	4
1011111	魯班算量（建築部分）	D	8
1011112	魯班算量（鋼筋部分）	D	8
1011113	浩元預算軟件（定額及清單計價）	D	8
1011114	焦點小組座談（FG）與投射技法應用	D	4
1011115	頭腦風暴法（BS）應用	D	4
1011116	電話調查與 CATI 軟件應用	D	4
1011117	網絡調查與 CAWI 軟件應用	D	4
1011118	EXCEL 的薪酬福利管理	E	6
1011119	EXCEL 的人事信息數據管理	E	6
1011120	EXCEL 的行政管理技能訓練	E	4
1011121	大學生投資理財規劃	D	4
1011122	模擬開店實戰	D	4
1011123	博弈實驗——「智豬博弈」故事得到的啟示	D	3
1011124	拍賣實驗與「贏者的詛咒」	D	3
1011125	創辦自己的企業	D	8
1011126	經營管理自己的企業	D	8

表3-3(續)

項目序號	項目名稱	項目類型	學時
1011127	創業計劃書調研、寫作和評審	D	4
1011128	網上開店創業模擬實驗	C	4
1011129	如何有效實現貨物的配送	F	4
1011130	生產現場模擬實驗	D	4
1011131	大學生創業計劃培訓	F	8
1011132	大學生平面圖像計算機處理技能訓練	D	8
1011133	網上店鋪商品的圖片美化	D	4
1011134	外匯交易實務	E	15
1011135	創新思維訓練實訓	E	3

③學生選項。「項目超市」定期（一般每學期第5~6周）向全體在校學生開放，學生根據自身需要，自主選擇項目。選擇人數達到項目規定最低學生人數，即可按項目開班實驗。一般創新類項目8人，普通項目20~40人即可開班。

④開放實驗。達到開課人數要求的，在中心統籌安排下進行開放實驗。實驗時間申請人在項目申請時就已確定，實驗條件要求在申請項目時也已提出。中心根據學生選項情況，結合中心實驗及設備使用情況，靈活安排實驗室等場地。

⑤過程監管。中心按要求免費提供實驗場地、設備等，按開放實驗教學質量要求，對開放實驗教學進行過程監管，保證開放實驗正常運行，確保開放實驗教學質量。

⑥實驗考核。實驗考核包括過程和結果的考核。對學生的考核包括出勤、實驗過程和實驗報告等，總分100分，60分合格，成績由老師或學生小組認定。對老師的考核由中心按教學情況、學生成績錄入與報告提交等環節考核。

⑦學分認定/工作量認定。學生學分認定，實驗完成後，在規定時間內，教師等將學生成績錄入開放實驗管理系統，60分以上的就可獲得學分，學生可在系統中自行查閱成績、獲得學分情況，但最高開放實驗學分不能超過2分。教師工作量認定，完成授課任務、學生成績評定、錄入並提交學生實驗報告等後，即可獲得教學工作量。工作量由中心認定，再統一報教務處審核備案，並支付課時報酬。

(4)「經濟管理類開放實驗項目超市」的運行效果

自2010年5月開放「開放實驗項目超市」運行以來，已成功運行了4學期。深受老師、學生喜愛，行業專家參與熱情也不斷高漲。目前，學校教師、企事業單位共申報項目250餘項，審核批准150餘項，學生累計選課18,000多人次，開設項目實驗班近250個，已有2000多人獲得開放實驗學分。

①提高了實驗室、實驗設備、儀器等的利用率。「項目超市」運行以來，中心人氣暴漲，週末、週一至週五晚上基本上是滿載運行，週一至週五白天教學時間，沒有課程的實驗室也見縫插針，實驗室及設備利用率直線上升。尤其是專業性很強的教學軟件，如應用心理學訪談實驗設備，以前一年開一次課，用一次，現在可反覆使用，利用率大大提高。

②提高了學生實驗的主動性和積極性。經濟管理實驗教學較理、工、農、醫實驗而言驗證性差、隨意性強，經管實驗課程教學中學生的主動性和積極性普遍不高。但開放實驗中，學生的主動性和積極性相當高，每次項目超市選課通知一出，2～3小時就選完，就其原因可能是開放實驗是學生自主選擇的，針對性、需求性更強。

③提高了老師實驗教學的積極性。經管類實驗教學相對理論教學而言，組織教學的工作量大，投入的時間精力多，但又要求必須獨立開設實驗課（重慶工商大學規定實驗課盡量獨

立開課，以防理論教學時間擠占實驗教學時間）。但「開放實驗項目超市」的課時靈活，科研課題轉化為開放項目，師生共同完成項目的同時還計算工作量，而且系數也高於課堂實驗課，老師的積極性也有所提高。

④提高了行業專家的參與性。邀請各經管類行業專家，把工作實務搬入課堂，手把手地教學生分析、操作，讓學生知曉行業的操作情況及對能力的需求。如「公務員結構化面試」項目，用真實的公務員面試題目、程序、注意事項，真實情景模擬，考官現場點評，提高學生的面試能力，很有說服力。這對提高學生的積極性起到了直接的推動作用。

3.4.2　建立學生專業俱樂部

重慶工商大學經濟管理實驗教學中心秉承「依託學生、服務學生、培養學生」的教學理念，探索基於學生專業俱樂部的開放實驗形式，先後成立了「ERP 學生俱樂部」、「大學生投資理財俱樂部」、「大學生創新創業聯盟」三大學生俱樂部（社團），鼓勵支持學生利用實驗資源自主開展專業實驗實踐活動。目前，學生俱樂部會員達到 1800 餘人。2010 年至今，學生俱樂部利用中心實驗資源，自主進行實驗 150 餘次，舉辦學術沙龍 10 餘次，組織學術報告 15 次。

3.4.3　舉辦學科專業競賽活動

重慶工商大學經濟管理實驗教學中心通過「以賽促學」方式，推動開放實驗教學。策劃並定期舉辦了「重慶工商大學大學生管理決策模擬大賽」、「重慶工商大學大學生投資理財模擬大賽」、「重慶工商大學大學生創業模擬大賽」等三大校級學科品牌競賽活動。同時，積極組織學生參加省市和全國學科比賽，搭建並營造良好、開放、互動的學科競賽平臺，促

進學生知識和能力的全面提升。

3.4.4 經濟管理開放實驗平臺典型案例建設的特點

（1）優化學分制結構，提升了開放實驗教學的吸引力

學生是開放實驗教學的主體，調動學生參與的積極性是開放實驗教學的關鍵。許多財經院校在時間、空間、儀器、設備等方面對學生實行全面開放，但學生自身難以提出實驗項目，老師提出的項目對學生也沒什麼積極性，因此開放實驗很難吸引學生。重慶工商大學「經濟管理開放實驗項目超市」緊密結合人才培養方案，充分利用以人才培養計劃改革，創新學分制結構的大好時機，在新增學生素質類和創新類學分下，將開放實驗學分融入新增的素質學分和創新學分中，學生通過開放實驗可以獲得素質類或創新類學分。這在經濟管理實驗課程獨立於理論課程的基礎上，又為開放實驗課程的開設和運行提供了保證，大大提高了開放實驗教學的地位，增強了開放實驗對學生的吸引力，為開放實驗教學的有效開展奠定了堅實的制度基礎，有利於激勵學生參加開放實驗的熱情。

（2）開放師資隊伍，活化了開放實驗項目的源頭

通過建立開放式動態項目庫，吸引了大量教學、科研、行業專家加入開放實驗教師隊伍，形成了一支高水準、高技能、高素質的開放實驗教師隊伍。這不僅將科學研究、行業案例與開放實驗有機融合，而且活化了開放實驗項目的源頭，保障了開放實驗項目的高質量和高水準。

（3）探索多樣化開放實驗，豐富了開放實驗教學模式

學校通過「項目超市」、學生俱樂部、專業學科競賽等多種形式的開放實驗形式探索，提供了開放實驗在人才塑造中的多視角性，學生的參與能力以及參與後相互影響的同群效應在學生成長中慢慢呈現出來。

第 4 章

經濟管理創新創業實驗教學平臺建設

　　創新創業教育是世界教育發展的方向，是高校全面推進素質教育的突破口。1998 年 10 月，聯合國教科文組織在總部巴黎召開世界高等教育會議，發表了《21 世紀的高等教育：展望與行動世界宣言》和《高等教育改革和發展的優先行動框架》，強調必須把培養學生的創業技能和創業精神作為高等教育的基本目標。教育部《關於大力推進高等學校創新創業教育和大學生自主創業工作的意見》指出，應在專業教育基礎上大力推進高等學校創新創業教育工作，同時要求廣泛開展創新創業實踐活動。創業教育應該與專業教育相結合，創業實踐應該與專業實驗相結合。因此，建設與專業教育融合的經濟管理創新創業實驗教學平臺，具有十分重要的現實意義。

4.1　創新創業教育概述

4.1.1　創業與創新創業教育的概念

（1）創業

「創業」一詞，早在《孟子・梁惠王下》中便有記載：

「君子創業垂統，為可繼也」，在諸葛亮的《出師表》中也有述及：「先帝創業未半，而中途崩殂」。這兩處的「創業」均指創立功業或基業，是廣義的創業概念。創業從字面意思講就是創立一項事業或基業。《辭海》將創業定義為創立基業，指開拓、創立個人、集體、國家和社會的各項事業以及所取得的成就。

國外對創業的認識具有代表性的是美國學者羅伯特·赫里斯，他認為：創業就是通過付出必要的時間和努力，承擔相應的經濟、心理和社會風險，並得到最終的貨幣報酬、個人滿足感和自主性，創造出有價值的新東西的過程。

我們認為，創業有廣義與狹義之分。廣義而言，創業指開創新的事業的活動，可以是創造企業，也可以是創造家業、創業事業等。狹義而言，創業則僅指創辦新的企業，以牟取前所未有的商業利益。

（2）創新創業教育

①創新教育

在學校教育中，創新是對每一個學生個體來說的，在自身水準上追求新發現、創造新方法、探索新規律、創立新學說、累積新知識等產生的某種前所未有的東西都可以稱之為創新。

關於創新教育的概念，大概可以分為兩類：第一類創新教育是以培養創新意識、創新精神、創新思維、創造力或創新人格等創新素質以及創新人才為目的的教育活動；第二類創新教育是相對於接受教育、守成教育或傳統教育而言的一種新型教育。創新教育要求教育以創造為本位，培養學生的創新意識、創新能力和創新人格。由此可知，創新教育是通過教育創新以激發和培養人的創新精神和創新能力為重點，以提高人的創新素質，培養創新人才為目的，以培養受教育者的創新精神、創新意識、創新思維、創新能力和創新人格為目標的教育形式。

②創業教育

創業教育是在知識創新、科技創新基礎上的跨越與提升，是把素質教育和創新教育全面推向深入的一種全新的教育理念和教育方法。創業教育也有兩種界定，狹義的創業教育是一種培養學生從事工商業活動的綜合能力的教育，使學生從單純的謀職者變成職業崗位的創造者。廣義的創業教育是培養具有開創性精神的人，這在實質上也是一種素質教育。

我們認為，創業教育是以激發學生的創業意識、培養開發學生創業潛能，增強學生的自主創業精神，讓學生的創業知識、實踐技能、創業資源都得到提升的一個教育過程。創業教育所要提供給受教育者的主要是從事創業實踐活動的全過程，即從發現機會到決策、規劃、實施、評估、反饋這樣一個生產經營活動所必須具備的知識、技能、能力、心理品質等素養，而且特別強調這些素養要能夠轉化為創業實踐活動。創業教育強調教育應注重培養受教育者的創業意識、創業心理品質、創業能力和創業知識結構。創業教育與創新教育在內容和方向上是趨於一致的，但創業教育絕不等於創新教育。因此，開展創業教育，必須轉變教育觀念，即由一般的創新教育提升到創業教育上來。

③創新創業教育

創新教育和創業教育在很大程度上重合，創新教育使創業教育融入了素質教育的要求，創業教育則使創新教育變得更為具體實在。當然，兩者也有差別，創新教育注重的是對人的發展的總體把握，更側重於創新思維的開發。而創業教育則更注重的是如何實現人的自我價值，側重於實踐能力的培養。創新不是終極目的，要真正使知識發揮作用，必須經歷一個由潛在的、可能的生產力轉化為現實物質生產力的過程，創業對人才的要求是全方位的，創業教育是創新教育的進一步拓展。因

此，創新創業教育作為一種全新的教育理念，在中國高校教育中已形成廣泛共識。

創新創業教育將創新教育與創業教育融合，因為創新與創業是密不可分的，創新是創業的基礎和核心，創業則是創新的重要體現形式。創新創業教育主要是一種兼顧創新教育和創業教育並以創業教育為重點，注重培養創新精神和創業能力，為受教育者創業奠定良好基礎的新型教育思想、觀念和模式。創新創業教育是知識經濟時代的一種教育觀念和教育形式，其目標是培養具有創新創業意識、創新創業思維、創新創業能力和創新創業人格的高素質的新型人才。

大學生創新創業教育是以培養大學生創新精神和實踐能力為主要內容的教育活動。加強大學生創新創業教育，是高校適應經濟社會發展和人才培養模式創新的需要，也是中國高等教育教學改革的重要內容。

4.1.2 國外創新創業教育的發展

創業教育最早產生於 1947 年的美國。隨後，英國、日本等許多國家陸續開展了創業教育並取得顯著成效。

（1）美國的創新創業教育

1947 年，首個 MBA 創業課程「新企業管理」的設立標誌著創業教育在美國高校的興起。20 世紀 80 年代有 300 所學校開設了關於創業的課程；而到 20 世紀 90 年代，開設創業課程的學校增加到 1050 所；到 2005 年為止，美國共有 1600 多個學院開設了 2200 多種的創業課程，並且建立了 100 多個有關創業的研究中心，創業教育的發展在這一時期取得了巨大的成就。目前，美國的創業教育已經形成了一個完備的體系，涵蓋了從初中、高中、大學本科直到研究生的正規教育。在許多一流商學院，創業學已經成為工商管理碩士的主修或輔修專業。

美國創業教育的發展及其創業精神的倡導對美國經濟的迅猛發展起到了不可估量的作用。1990年以來，美國每年都有100多萬個新公司成立，即平均每250個美國公民就有一個新公司。美國「考夫曼企業家領袖中心」在1999年6月的一份研究報告中顯示：每12個美國人中就有一個期望開辦自己的企業；91％的美國人認為，創辦自己的企業是一項令人尊敬的工作。

（2）英國的創新創業教育

英國高校的創業教育遵循的是一條自上而下的發展道路，創業教育發展的主要驅動力不僅僅是需求的驅動，還有很大程度上是政治力量的驅動，創業教育不僅有法律保障，還有充足的資金保障、完善的組織管理保障、課程建設保障、文化環境保障，創業教育政策在其中發揮著關鍵作用。英國大學生創業教育的經驗表明，創業教育較強的實踐性，決定了它必須借助社會力量，使企業、學校及國家共同成為創業教育的主體。通過這些力量的支持，既可以給學生相關的感性認識甚至親自體驗創業的機會，又有助於解決當前比較棘手的師資、經費等問題。

（3）日本的創業教育

日本於20世紀90年代開始對大學生開展創業教育。在近20年的時間裡，通過大量的研究和實踐，在政府、企業、學校密切配合的社會支持體系下，逐步形成了系統的創業教育體系。在吸收美國創業教育的精髓，借鑑了歐洲的創業教育模式後，不斷摸索出具有本土化特點的創業教育模式，逐漸形成了「以創業精神培養」為主線的創業教育概念，認為創業教育是培養學生社會挑戰能力和冒險精神的資質能力的教育，通過創業課程和創業實踐，喚起學生的創業意識，使其掌握創業技能。從目前日本高校提供的創業教育課程來看，存在以下四種

典型的創業教育模式：以培養實際管理經驗為主的創業家專門教育型；以培養系統的經營知識、技能為主的經營技能綜合演習型；創業技能副專業型；以培養創業意識、創業精神為主的企業家精神涵養型。四種創業教育模式形成一個從高到低，從專業到普及的創業教育課程體系。

4.1.3 中國創新創業教育的發展

中國創新創業教育起步較晚，始於20世紀90年代初期。1990年，原國家教育委員會基礎教育司牽頭，成立了「提高青少年創業能力的教育聯合革新項目」國家協調組，進行創業教育的實驗和研究。知識經濟與經濟全球化浪潮加快了中國高等教育大眾化的發展步伐，高等教育大眾化要求中國高校創新人才培養模式，轉變單一的專業人才的教育目標定位，大力推進以培養學生綜合素質為基礎的創新創業教育。中國經濟和社會發展競爭力的提升與社會主義市場經濟的發展也迫切需要高校培養出越來越多的創業者。回顧中國高校創業教育的發展歷程，大致可以分成三個階段：

第一階段（2002年之前）：高校自發探索階段

中國大學生創業教育開始於20世紀90年代，一些高校開始自發性的探索創業教育。一般認為，創業教育最早始於1997年的清華大學主辦的「清華大學創業計劃大賽」。從1997年開始，許多高校對創新創業教育做了有益的、自發性探索，如清華大學以學生創業計劃競賽為載體的創業教育探討與實踐，北京航空航天大學、華東師範大學等高校嘗試開設創業教育課程，武漢大學實施「三創」教育（創造、創新、創業教育），北京航空航天大學科技園等機構對學生創業給予註冊、資金支持等。在1999年教育部發布的《面向21世紀教育振興行動計劃》中，更是明確指出：「加強對學生的創業教

育，鼓勵他們自主創辦高新技術企業。」

第二階段（2002—2010 年）：教育行政部門引導下的多元探索階段

2002 年 4 月，教育部在清華大學、北京航空航天大學、中國人民大學、上海交通大學、西安交通大學、武漢大學、黑龍江大學、南京財經大學、西北工業大學等 9 所大學開展創新創業教育試點工作。同年 8 月，教育部在北京航天航空大學召開「全國高校創業教育研討會」。

2008 年，教育部立項建設了 30 個創業教育類人才培養模式創新實驗區。在試點和試驗過程中，各高校分別通過不同的方式，探索開展創新創業教育實踐，形成了三種模式：以課堂教學為主導開展創新創業教育模式；以提高學生創業意識、創業技能為重點的創新創業教育模式；以創新教育為基礎，為學生創業提供實習基地、政策支持和指導服務等綜合式創新創業教育模式。

第三階段（2010 年 4 月至今）：教育行政部門指導下的全面推進階段

2010 年 4 月，教育部在北京召開推進高等學校創新創業教育和大學生自主創業工作視頻會議。5 月，教育部發布《關於大力推進創新創業教育和大學生自主創業工作的意見》，建立了高教司、科技司、學生司、就業指導中心四個司局聯動機制，形成了創新創業教育、創業基地建設、創業政策支持、創業服務四位一體、整體推進的格局。同月，成立了教育部高等學校創新創業教育指導委員會，重點開展高校創新創業教育的研究、諮詢、指導和服務。自此，中國創業教育進入全面推進階段。2011 年以來，成立創業教育學院的兄弟院校如雨後春筍不斷湧現。據網絡搜索，僅 2011 年 11～12 月，便有中南財經政法大學、暨南大學、哈爾濱工程大學等多家高校設立創業

(教育)學院。

在世界創業教育的大背景下,中國的創業教育取得了長足的發展和進步,創業教育對促進大學生自主創業起到了推動作用,收到了較好的社會效果,已經成為高等教育改革發展的亮點。

4.2 經濟管理創新創業教育教學現狀

目前,中國許多高校都開展了多種形式的創新創業教育,取得了一定的成效。但同時也存在一些誤區和問題。由於中國目前真正開展創新創業實驗教學的高校還很少,廣度和深度還不夠,此處主要分析中國高校經濟管理創新創業教育教學(含相關實驗教學)的現狀和問題。

4.2.1 經濟管理創新創業教育的主要成效

經濟管理創新創業教育應該探索符合自身特點的、豐富多樣的創新創業教育教學模式,幫助學生增加創業感悟,豐富創業體驗,提高學生的創新創業能力,最終促進創業教育的全面發展。目前,中國高校創新創業教育主要取得了以下幾個成效:

(1)第一課堂與第二課堂結合開展創業教育

創業教育重在培養學生創業意識,構建創業所需知識結構,完善學生綜合素質。目前,中國許多高校開始將第一課堂與第二課堂相結合來開展創業教育。在第一課堂方面,開展創業教育相關課程,加大有關創業方面選修課程的比例,拓寬學生自主選擇與促進個性發展的空間。開設了「創業學」、「企業家精神」、「風險投資」、「創業管理」等創業教育課程,以

培養學生創新思維為導向，倡導參與式教學，改革考試方法等。在第二課堂方面，通過開展創業教育講座，組織各種創新、創業競賽活動等方式，鼓勵學生創造性地投身於各種社會實踐活動和社會公益活動，形成了以專業為依託，以項目和社團為組織形式的創業教育實踐群體。目前，在全國最有影響的創業大賽是由共青團中央、中國科協全國學聯主辦的「挑戰杯」中國大學生創業計劃競賽。

（2）組建專門的創業教育教學機構，推進創業教育

2009年，西安外事學院創業學院成立，這是中國高校成立的第一家創業學院。目前，許多高校都成立了專門的創新創業教學機構，例如北京航空航天大學成立了創業管理培訓學院，黑龍江大學成立了創業教育學院，中南大學成立創新創業指導中心。其中，黑龍江大學除成立了創業教育學院之外，還確定了6個校級創業教育試點單位，全面推進創業教育。學校不斷深化學分制和選課制改革，開放課程，建立創業教育學分，深入開展讀書工程和創新工程，建立學業導師制。在專業教學領域，以綜合素質培養為基礎，建立創業教育課程群，為學生提供豐富的創業教學資源。在創業實踐領域，建立學生創業園區，設立創業種子基金，成立學生創業團隊，建立創新實驗室，開展創新課題立項與成果評獎，組織各種學術科技競賽，推進黑龍江大學學生實踐企業合作計劃。學校還通過創業教育的理論研究和宣傳，引導廣大學生參與創業教育的學習和實踐，全面提升學生的就業競爭力和創業素質，實現學生的靈活就業和自主創業。北京航空航天大學成立創業管理培訓學院，專門負責與學生創業有關的事務，開設創業管理課程，建立大學生創業園，設立創業基金，對學生的創業計劃書經評估後進行「種子期」的融資和商業化運作。創業管理培訓學院與科技園、孵化器緊密聯合，形成整套創業流程，創業者經過

孵化後直接進入科技園區進行創業，開拓了一個新型的體制和流程。

(3) 以創新為核心開展綜合式創業教育

目前，一些高校創業教育開始逐步擺脫功利性的創業培訓模擬，而是將創業教育作為一種手段或模式，全方位培養學生創新意識和創新能力。將創新教育作為創業教育的基礎，在專業知識的傳授過程中注重學生基本素質的培養。具有代表性的是上海交通大學、復旦大學和武漢大學。

上海交通大學以三個基點（素質教育、終身教育和創新教育）和三個轉變（專才向通才的轉變、教學向教育的轉變、傳授向學習的轉變）為指導思想，注重學生整體素質的培養和提高，確定了創新、創業型人才培養體系的基本框架和基本內容。較為突出的是，學校以培養學生的動手能力為目的，投入8000多萬元建立了若干個實驗中心和創新基地，全天候向全校各專業學生開放。學校實施了「科技英才計劃」，成立專門的科技創新實踐中心對學生的創業、創新活動進行指導、諮詢和評價。學校還設立學生「科技創新基金」，資助學生進行科技創新活動，盡可能地將大學生創業大賽中選拔出來的成果向應用端延伸，使學生成果走向產業化。

復旦大學認為高校應成為學生創新創業的孵化器。以育人為中心，圍繞素質教育的要求，針對學生創業的現狀和社會對創業人才的需求情況，以「在校生創業精神、實踐能力和團體精神的培養──畢業生創業指導──創業團體創業過程扶持」為創業教育的主線，並進行創業項目的資助，具體做法與上海交通大學相近。

武漢大學以「三創教育」（創造教育、創新教育、創業教育）的辦學理念為指導，把培養具有創造、創新和創業精神和能力的人作為人才培養的目標。他們將學生分為三類進行因

材施教：對於基礎紮實、智力超常的學生實施創造教育，培養他們的創造精神和創造能力，鼓勵他們探索新知識、新技術，為將來作出突破性的重大成果奠定基礎；對於一般學生提出創新教育的要求，重點培養創新精神和創新能力，使他們能夠順應時代的變革，能夠根據條件變化對現有事物進行革新；對於那些開拓意識強，具有領導氣質的學生實施創業教育，鼓勵、引導他們參與社會實踐，培養創業精神和創業能力，為參與市場競爭、開創新事業做必要的準備。他們圍繞「創」字積極推行講授與自學、討論與交流、指導與研究、理論學習與實踐實習、課堂教學與課外活動、創造與創新相結合的多樣化人才培養模式和教學方法的改革，著力加強學生自學、課堂討論、實踐實習、科學研究、創業訓練等培養環節，突出培養學生的完善人格、複合知識結構、綜合素質以及創造、創新與創業的精神和能力。

4.2.2　經濟管理創新創業教育的觀念誤區

目前，中國高校創新創業教育普遍存在以下幾個誤區：
（1）將創新創業教育視同為就業教育

許多高校認為創業教育只是大學畢業生就業指導的一項內容，開展創業教育的主要目的就是為了促進就業，創業指導中心設在就業管理部門（如招生就業處或就業指導中心），創業教育被納入就業管理部門的主要職責。就業管理部門對創業教育還停留在技巧、心理、政策、形勢分析等方面的指導，更多的是幫助、指導學生瞭解自己的職業興趣和職業能力、制定正確的職業取向、提高就業競爭能力、規劃今後的職業發展道路，以及開創今後的事業之路，主要教育學生正確處理自己的專業學習、學業進步、職業選擇、事業發展等關係的指導與服務，促進學生順利就業。

(2) 將創新創業教育僅視為第二課堂活動

許多高校沒有把創新創業教育融入到學校的整體教學體系中，與學科專業教育未形成有機的聯繫，只是利用課餘時間進行創業教育，將創業教育的職責放在團委部門或學生工作部門，主管部門主要依靠第二課堂組織開展多種形式的創業論壇、創業競賽等活動。例如，創業論壇作為豐富校園文化的一項內容，其組織形式往往是邀請一些商界精英到學校開展企業家論壇和對話活動，具有臨時性和分散性的特點，缺乏長效發展機制。創業教育僅僅作為第二課堂活動，會使創業教育脫離於學科專業，使學生失去自身專業優勢的有力依託。

(3) 將創新創業教育視為模擬創業教育

即利用創新創業模擬教學軟件教育學生如何成立和營運一個企業。目前國內許多高校經管類專業的創業實踐基本上都是按照這一思路來設計的，似乎創業教育的全部就是要教學生模擬如何自己開公司、辦企業。這種認識顯然是非常狹隘的，創新創業教育的內容、方式方法還不止這些。更何況模擬創業教育和真實創業畢竟不同，進行模擬創業教育，學生缺乏實際的工作技能，所學知識和實際工作難以接軌，導致最終選擇創業的也寥寥無幾。

(4) 將創新創業教育視為創業實踐活動

創新創業教育最終是通過創業實踐活動能體現出來，因此部分高校僅僅把創新創業教育停留在這個層面上。學校或安排畢業生到企業單位進行實習、操作，或建立創業園區（或孵化園區），為學生創業提供創業項目孵化基地。這種創業實踐教育活動激發了學生的創業熱情，傳授學生創業實務，訓練了學生創業技能，讓學生充分體驗和感受創業操作，但是許多高校在實施過程中忽視了學生的創業素質和創業能力的培養這一環節，因此也是不完整的創新創業教育。

純粹以就業為目的的創新創業教育是一種功利性的短期行為，無法真正培養學生的創業精神和創業素質，更不可能培養長遠發展的創業者。將創新創業教育主要視為第二課堂活動，不能將創新創業教育與專業教育有效結合，另外由於不屬於教務管理部門職責導致不可能將創業教育深入開展。將創業等同於開公司、辦企業的認識更是對創業教育的一種誤解，是對大學生一種拔苗助長式的教育，會導致多數學生對創業教育產生抵觸情緒。這對尚處於「襁褓」之中的中國創新創業教育會產生致命的危害。

4.2.3 經濟管理創新創業教育存在的主要問題

中國高校大學生創新創業教育尚處於探索階段，創新創業教育還沒有完全納入大學生教學培養計劃。具體說來，高校經濟管理創新創業實驗教育存在的問題主要體現在以下幾個方面：

（1）對創業教育重視程度不夠，大部分高校沒有開設創新創業教育課程，也沒有將其納入到人才培養體系中。據2010年的一項調查，107所「211」高校中僅有41所高校開設了創業相關的課程。在開設創業課程的高校中，普遍存在開課類型單一，且以選修課為主的問題。多數院校開設的都是諸如「創業學」、「創業基礎」等導論性課程。但在美國，有1600所以上的大學提供了2200門以上的創業課程，44種相關的學術刊物。

（2）創新創業教育教學方法比較單一。創新創業教育教學方法主要採用多媒體直接授課、案例分析法、小組討論法等，教學方法較為單一，難以提升大學生的綜合素質；而且教學過程中缺乏多樣化的實踐環節，即便有實踐環節，大多數也是通過參加創業大賽或參加創業成功人士的講座，而參觀創業

企業、模擬創業活動等形式卻較少被採用，缺乏多樣化的創業實踐環節。這正是中國創業教育與西方發達國家差距最大的地方，也是中國創業教育發展的瓶頸之一。

（3）創新創業教育師資隊伍建設不合理。經濟管理創新創業教育是學科跨越最多、最具綜合性的學科，同時也是實踐性最強的學科，因此對參與創新創業教育的教師要求較高，不僅要求教師具備紮實、全面、深化的經濟管理基礎知識，還要求具有相當的實踐經驗。中國創新創業教育起步較晚，各高校普遍嚴重缺乏既具有較高理論水準，又有一定的企業管理經驗（尤其是創業經驗）的師資。由此看來，中國高校創新創業教育師資隊伍不僅數量不足，而且其知識結構不能滿足創業教學教學的需要，亟待加強師資隊伍建設。

（4）創新創業教育與專業教學的融合不夠緊密，處於較為尷尬的地位。目前關於經濟管理創新創業教育的研究往往撇開專業教育，將創新創業教育獨立於專業教育之外進行研究。創新創業教育實踐往往局限於獨立的操作層面和技能層面，從而導致創新創業教育與專業教育脫節，似乎創新創業教育與專業教育關係不大，這種誤解容易導致在教學實踐中將創新創業教育與專業教育孤立、自成一體、相互衝突，削弱各自的教學效果，失去整體性。

（5）創業教育層次不高，深度不夠，很多時候只是作為一種權宜之計的階段性教育和「創業技能培訓」。似乎創業教育的目的只是為了促進就業。許多高校僅僅把創新創業教育作為大學畢業生就業指導的一項內容，只對政策、形勢等方面進行分析和指導，大都停留在對創業計劃競賽的指導和就業指導層面上，沒有對學生進行深層次的創業意識、創業精神和創業能力教育，難以全面提升大學生的創業綜合素質。

4.3 經濟管理創新創業實驗教學平臺建設

經濟管理創新創業實驗教學不應僅限於對大學生進行開辦企業的培訓和指導，更應當著眼於培養學生的創新精神，著重培養學生的企業家精神，塑造大學生開創事業的理想和膽識。因此，高校經濟管理創新創業實驗教學平臺建設應該結合素質教育和專業教育，採用多種形式的組織方式和教學方法。

4.3.1 創新創業實驗課程體系

高校創新創業教育面向對象要全覆蓋、分層次，即創新創業教育的對象是全體在校生，從大學一年級開始並貫穿於大學教育的全過程。高校在對全校學生進行普及式創新創業教育的基礎上，對有創新創業意願和需求的學生開展遞進式的創新創業教育和培訓。創新創業課程體系的構建要區分不同學生層面分別進行設計，主要分為創新創業普及教育課程體系和創業專門教育課程體系。

（1）創業普及教育課程體系

一是創新創業理論課程，通過開設「創業學」（或稱「創業基礎」、「創業原理」）、「創業管理」等通識理論課程，讓學生掌握創新創業的基本理論、知識和方法。

二是創新創業實務課程，創業實務課程一般結合專業開設，例如針對旅遊專業開設「旅遊創業實務」，針對酒店管理專業開設「餐飲創業實務」等。

三是創新創業模擬課程，例如開設「創業模擬實訓」課程，通過軟件模擬進行教學。

（2）創業專門教育課程體系

一是理論教學課程體系，由創業基礎課程、創業主幹課程和創業拓展課程構成。創業基礎課程除了設置經濟管理專業必需開設的「西方經濟學」、「會計學」、「管理學」、「統計學」、「市場行銷」、「金融學」、「經濟法」等課程以外，還包括「創業學概論」（或稱「創業基礎」）、「創業管理」、「創新學」等課程，一般為必修課。創業主幹課程是針對大學生創業所需的專業知識而開設的相關課程，包括「創業策劃」、「企業創立」、「創業經營學」、「創業領導」、「人力資源管理」、「創業公關學」、「管理溝通」、「創業財務」、「創業稅務」、「電子商務創業」等課程，一般為必修課。創業拓展課程主要是針對不同學生在不同領域的創業需求，培養學生的創業能力，同時進一步深入培養學生的創業意識和創業精神，這些課程包括「家族企業創業」、「國際創業專題」、「技術創業專題」、「創新思維訓練」等，一般為選修課。

二是實驗教學課程體系，高校可以開設創業「創業模擬」和「創業實戰」等課程，具體內容包括創業項目選擇、創業計劃制定、創業資金籌集、創業隊伍組建、創業企業開辦、創業企業運行等環節。「創業模擬」課程可以在校內通過軟件模擬教學的方式得以實現，「創業實戰」則可以要求學生在創業孵化園自主創業或者公司企業進行創業實習。

構建多學科支撐的創新創業教育課程體系，不僅要把創新創業的理念融入教學之中，還應重視學科的互補性和教學的綜合性，構建經管類多學科支持的創新創業教育課程體系。

4.3.2 創新創業實驗教學隊伍

目前，還鮮有高校擁有全職的創新創業教學教師隊伍，教師大都沒有受過創業教育教學的規範培訓。創業教育師資匱

乏，致使許多高校無法進行有效的創業教育。高校應該努力打造一支具有較高理論水準和豐富實踐經驗的專兼職結合的創新創業實驗教學隊伍，從校內教師資源和校外教師資源兩方面進行建設，以校內師資為主，校外師資為輔。校內除了引進專門的創業師資以外，還可以整合學校現有教師資源，把有創新創業經歷或擔任過企業管理職務的學校教師打造成創新創業實驗教學教師團隊，承擔學校創業課程的教學任務，保障學生正常的創新創業教育授課、帶領、指導學生進行模擬演練；校外師資主要是聘請創業成功人士來校參與課程教學，或者給學生做專題講座，並對學生實體（或虛擬）創業活動給予相應的指導、點評。

高校建立一支專業化的教師隊伍，不僅滿足大學生對創新創業教育的要求，而且還滿足了大學生對創新創業教育諮詢與服務的巨大需求，主要包括學生創新創業團隊的建立、創新創業項目的立項和指導等，使學生的創新創業素質培養在有引導、有計劃的方式下進行。

4.3.3 創新創業實驗教學方法

經濟管理學科綜合性強，實驗教學主要是以綜合性實驗為主。經濟管理創新創業實驗教學更多的是體現在與專業相融合的綜合性實驗，與經濟學和管理學相互滲透的學科交叉性實驗，以創新創業為主體的多科性綜合性實驗，學生自主創新的創造性實驗。因此，經濟管理類創新創業實驗教學在教學方法上除了要把傳統灌輸式的教學方法轉為啓發式、討論式、研究式的教學方法外，更有針對性地運用案例教學法、模擬教學法、項目教學法、角色體驗教學法等多種教學方式與方法，強化學生創新能力與實戰能力的訓練，激發其創業慾望。

(1) 案例教學法

在經濟管理創新創業實驗教學中，引用的案例要具有典型性和現實性，如國內外創業典型、行業創業典型、校友創業典型等，聯繫社會實際，給學生講解一些創業相關的專業知識，體現成功創業者的創業方法、過程和規律等，並充分表現出其創業精神，這樣的教育效果更直觀、生動，更能啓發學生的創業思路，拓寬創業視野，能夠讓學生從中悟道。通過分析創業的成功案例，對學生進行榜樣示範教育，潛移默化地影響學生的思想與行為，激發創業熱情。同時適當剖析創業失敗的典型案例，使學生瞭解創業過程中所經歷的風險和艱辛，懂得如何在經營中規避風險。

另外，教師還可以讓學生成立案例研究小組，到企業去調研，編寫本土案例，然後讓學生互相進行交流，由教師進行點評，讓他們切實感受和把握創業的真諦和精髓。這對培養學生的創業意識和創業能力，有直觀、快速、深刻的效果。

(2) 軟件模擬教學法

經濟管理創新創業實驗教學中利用軟件教學模式，通過計算機模擬軟件對經營環境進行設計，使學生置身於一個模擬的經營環境中對經營問題進行判斷、分析、決策，以此掌握企業經營管理的基本方法和基本程序。教師還可以為學生設計虛擬的創業背景，以創業過程為流程，指導其撰寫商業計劃書，虛擬創業的整個過程，以增強學生的創業意識，提升其創業技能。

目前，許多學校在創新創業實驗教學中使用了教學軟件模擬教學模式。運用軟件模擬創業真實場景，具有直觀性，使學生接觸到創業的實際問題，有助於學生把學到的知識技能遷移到真實的創業場景中，真正理解和把握創業中的管理理念和操作策略。模擬從尋找商機開始，到制訂創業計劃、組建創業團

隊、進行創業融資和創業管理的全過程。模擬是創業教育的實踐過程，在創業教育的其他過程中學習和掌握的知識、技能、方法都將在這一環節得到具體應用和體現。通過仿真創業訓練，進行商業運作，體驗創業環境，累積創業經驗，增強創業信心，為將來走向社會、成功創業打下堅實基礎。

（3）項目教學法

項目教學法即以創業項目為主線、教師為主導、學生為主體的教學模式。創業教育作為一個實踐性較強的課程體系，需要有實戰經驗的老師對學生做指導，將一個相對獨立的創業項目交由學生自己處理，項目的所有環節包括信息的收集、方案的設計、項目的實施及最終評價都由學生負責。學生通過體驗該項目的實施過程，瞭解並把握整個過程及每一個環節中的基本要求，同時也為今後自主創業打下一定的基礎。以學生為主體，師生共同實施一個完整的項目的教學活動，為學生提供更多的創業空間，培養學生的創業能力。項目教學法可以克服案例教學法中時效性不強和模擬教學中設計略顯程序化的不足，使學生對項目的實際操作過程有所瞭解，為其今後的自主創業打下一定的基礎。

（4）角色體驗教學法

角色體驗法是一種設定某種情境與題材，以某種任務的完成為主要目標讓學生扮演自己原來沒有體驗過的角色或作旁觀者，通過行為模仿或行為替代，讓學生在模擬情景中，體驗某種行為的具體實踐，以感受所扮角色的心態和行為，把學到的理論知識運用到實際工作中，達到幫助學生瞭解自己，改進提高，掌握知識的一種教學方法。角色體驗教學法在經濟管理實驗教學中運用相應廣泛。在創業實驗教學中，角色體驗教學法主要是通過學生對企業崗位角色的模擬扮演，體驗企業經營決策的過程和結果。

在國際勞工組織為培養大學生創業意識和創業能力而專門開發的教育項目 KAB（Know About Business，瞭解企業）和為有意願開辦中小企業的人開發的培訓項目 SYB（Start Your Business，創辦你的企業），它們的主要特色和優勢就是採用角色體驗教學法，為學員模擬企業運行的真實環境，學員以分組的形式進行游戲，主要是讓學員親歷企業決策的過程和結果，並在游戲過程中體驗、建構作為創業者應具備的道德素質。

4.3.4 創新創業實訓平臺

創業教育實踐教學平臺建設應將創業教育與實驗教學、實習實訓、畢業論文設計和創業競賽等相結合，充分發揮校企合作基地、創業園等校內校外實踐基地的作用，拓展創業教育教學平臺，把學校的創業教育教學納入社會實踐和實習課程框架，切實開展創業實踐教學活動，充分突出高校創業教育的創新性和實踐性。

（1）創業實訓軟件（網絡）平臺

軟件模擬教學法是創業實驗教學的主要方法之一，採用這一方法必須借助一定的創業實訓軟件（網絡）平臺。目前，高校常用的創業實訓軟件（網絡）平臺主要有以下幾種：

金蝶軟件有限公司研發的「創業之星」模擬培訓系統。該系統具有創業計劃制定、公司註冊模擬、公司經營模擬等功能，通過該系統培訓，可以使學員對創業的流程、公司的經營流程有一個系統的瞭解和掌握，並能通過模擬環境增強企業的團隊經營能力。

杭州貝騰科技有限公司研發的「創業之星」教學軟件。該軟件運用先進的計算機軟件與網絡技術，結合嚴密和精心設計的商業模擬管理模型及企業決策博弈理論，全面模擬真實企業的創業營運管理過程。學生在虛擬商業社會中完成企業從註

冊、創建、營運、管理等所有決策。

北京溢潤偉業軟件科技有限公司研發的「創業之旅」實戰模擬平臺系統。該系統模擬真實企業的創立過程，完成創業計劃書、辦理工商稅務登記、對創立企業進行營運管理等經營決策，並對出現的問題和營運結果進行分析與評估。

北京華普億方軟件科技有限公司推出的「大學生創業實訓系統」。該系統包括四大板塊：創業前期準備、創業能力塑造、創立我的企業、經營我的企業。從瞭解創業、培養創業能力、體驗創業，到企業經營管理實訓，循序漸進地培養大學生創業所需要的各種知識和能力，並通過大量實訓讓學生體驗創業的過程，訓練創業過程中及創業後的經營管理能力。

另外，還有高校採用創業實習網（http:www.china-sxw.net)、全國大學生創業服務網（http://cy.ncss.org.cn）等網絡平臺進行創業模擬教學。

（2）創新創業競賽平臺

開展創新創業競賽是大學生創新創業模擬的一種有效方式，創新創業學科競賽是學生創新實踐的重要平臺，是培養和檢驗學生實踐能力的重要手段。該平臺需要學校和企業單位共同參與，涵蓋理論知識和實踐兩部分內容，創新創業競賽對培養學生的專業知識能力、創新能力、學生協調能力和學生的創業能力，提高創業素質，累積創業知識具有十分重要的意義。例如國家級層面的「挑戰杯」中國大學生創業計劃競賽，要求參賽者成立優勢互補的項目小組，圍繞一個具有市場前景的技術產品或服務概念，以獲得風險投資為目的，完成一份包括企業概述、業務與業務展望、風險因素、投資回報與退出策略、組織管理、財務預測等方面內容的創業計劃書，引導大學生成為具有創新意識、善於捕捉市場機遇、善於開拓市場的創業者，能夠培養學生的創新意識、創新思維、創造能力和創業

精神，激發大學生科技創業、實踐成才的熱情。目前創業計劃大賽除了國家級創業計劃競賽外，還有省、市級創業計劃競賽和校級校園創業計劃競賽等。

（3）學生社團創業實踐平臺

組建大學生創業者聯盟（類似於創業者學生俱樂部），開展基於第二課堂的學生自主實踐活動。創業者聯盟為準備創業和已經創業的學生之間提供交流、溝通和學習的平臺。通過這一平臺，學生可以學習、累積創業知識，就像企業集群的成長機理一樣，創業者可以在聯盟裡獲得群體效應。學生可利用學校的資源自主開展形式多樣的活動，自發組織開展專業主題研討活動，如舉辦專業講座或沙龍。在學生自主組織活動的過程中，學生的團隊協作能力、組織能力、溝通能力在很大程度上得到了提升。

同時，要通過創業者聯盟這一平臺把風險投資機構、企業及政府有關經濟管理部門聯繫起來，爭取獲得他們的支持和參與，也為更多的學生提供到合作企業學習實踐的機會，從而豐富了學生的創業學習和實踐，放大了高校的創業教育功能。

（4）創業實訓公司平臺

創業實訓公司是創新創業教育的又一重要實踐平臺。目前，這種平臺主要包括以下三種形式：

一是創業模擬公司形式。全球模擬公司聯合體（PEN-International）推行的創業實訓模擬公司實訓項目是國際上通行的實崗培訓模式，學員通過組建公司、確定公司架構、分析經營環境、嘗試經營業務和完成各項崗位工作任務等來體驗真實的商業環境和商業行為。實訓採用「上課」、「上班」、「上網」三結合的方式，對公司經營所涉及的人力資源管理、財務、市場行銷、採購等各方面進行訓練，讓學員的辦公能力、業務能力和社會能力等多方面能力得到加強。

二是創業實訓公司形式。即成立諸如會計諮詢公司（中心）、市場調查工作室等實體公司（可以為註冊公司，也可以是未註冊實體），其職員由學生擔任，老師負責進行指導，其業務內容都是真實的。由於實訓公司是學校組織成立的，學生在老師的帶領下進行創業實戰訓練，避免了學生承擔公司經營失敗的風險。

三是學生自主創業公司形式。許多高校都成立了大學生創業孵化園，鼓勵學生自主創業，支持學生成立微型企業入駐孵化園。學校為創業孵化園的學生公司提供指導和諮詢。這種模式讓學生完全獨立經營，雖然可以最大限度地讓學生盡快適應市場，但公司經營風險較大，成功率往往不高。

4.4　經濟管理創新創業實驗教學模式創新

教育部《關於大力推進高等學校創新創業教育和大學生自主創業工作的意見》強調，應在專業教育基礎上大力推進高等學校創新創業教育工作，同時要廣泛開展創新創業實踐活動。創業教育應該與專業教育相結合，創業實踐應該與專業實驗相結合。創業教育不排斥專業教育，而且必須依賴專業教育。專業教育不排斥創業教育，專業教學改革因與創業教育融合而得以深化和發展。將實驗教學改革與創業教育整合一體，更有利於二者的深入融合。

4.4.1　創新創業教育與專業教育結合的必要性

專業教育和創新創業教育是密不可分的，二者相互聯繫、相互補充、相互滲透、相輔相成。因此，高校經濟管理創新創

業教育亟待加強與專業教育的融合，將創新創業教育滲透到具體的專業教育之中，培養具有創新創業素質的專業人才。

（1）創新創業教育與專業教育培養目標一致

創新創業教育與專業教育的目標是一致的。創新創業教育的總體目標是培養大學生的良好素質，使之適應變化發展的社會需求。具體可分解為：一是培養學生創新創業意識和良好的心理品質；二是鍛煉、提高學生的綜合能力；三是進一步緩解就業壓力。專業教育是以通識教育為基礎，通過系統講授專業理論知識和實際專業技能訓練，在某一特定的領域達到特定水準的教育，專業教育的目標是培養適應社會需求的專門人才。

因此，無論是專業教育還是創新創業教育都是高等教育的重要組成部分，教育的總目標是為了培養適應社會要求，為經濟建設服務的高級人才。

（2）專業教育是創新創業教育的基礎

創新創業教育多是在專業領域內開展的，需要有一定的專業支撐，良好的專業教育為日後的創新創業奠定了基礎。因此，創新創業教育完全可以融入到現有的專業教學體系中，以基礎知識和專業知識為實施載體，在專業教學中滲透創新創業的意識，訓練學生綜合能力，提高學生整體素質，達到培養人才的最佳效果。創新創業教育應在專業教育的基礎上開展，否則離開專業教育而談創新創業教育容易成為空談。

（3）創新創業教育促進專業教育深入發展

通過創新創業教育，一方面培養學生的創新創業意識和心理品質；另一方面促使學生理論聯繫實際，將所學知識運用到實際中，產生專業學習的實際需求，進一步激發學生專業學習的興趣，增加專業學習的動力，強化專業教育效果。實際上，創新創業教育是一種在整個教學過程中起到促進學生全面協調發展，並在此過程中啓迪學生思想智慧、培養學生創新創業精

神、發展學生個性品質、鍛煉學生多種能力的教育。

總而言之，結合具體專業開展創新創業教育才更有針對性，創新創業教育對經管類專業的滲透，促進專業學生綜合消化和運用所學知識，滿足其自身發展的需要，創新創業教育滲透到學科和專業體系內是創業型社會對高等教育提出的必然要求。

4.4.2 與專業教育融合滲透的創新創業實驗教學模式

經濟管理創新創業實驗教學平臺在建設時應遵循創業教育的本質和規律，本著「使所有大學生接受創業普及教育，使部分學生接受創業專業教育，使少數學生實現自主創業」的宗旨，循序漸進地開展。在創新創業實驗教學模式選擇上採用「以創業課程、專業實訓為主體，以專業和創業相結合的第二課堂為依託」的創新創業教育模式。

（1）實驗教學內容與創新創業教育融合滲透

為了使創業理念融入日常教學過程，經濟管理專業實驗教學必須以應用性和市場需求為指導，對現行實驗體系進行選擇與整合，以增強學生獲取知識能力、研究和解決問題能力以及實踐創新能力為核心，精心設計和構建培養創業型人才所需要的能力導向型實驗課程體系。

將創新創業教育與學科實驗課程有機結合，合理設置創新創業教育課程，提高學生的創新創業素質和能力。在保留原有涉及經濟、管理、金融、會計、稅務等專業課程的基礎上，讓學生掌握創立企業、合法經營、培育企業的創業理論以及應對社會環境與市場需求變化的基本知識。加大選修課程的比例，拓寬學生自主選修的空間，多設置一些如「演講與口才」、「團隊訓練」、「拓展訓練」、「創業市場調查」、「公司法與合同法」、「企業家精神」等課程。此外，充分考慮學生個體與

創業目標的差異，開設一定的通識課程，讓學生掌握創業的基本理論和方法，以達到提高學生思維能力、研究問題能力和創新實踐能力的目的。

以重慶工商大學為例，學校對創新創業課程體系進行了統籌規劃，在人才培養方案中要求學生選修2學分的創新創業類通識課程。管理學院、商務策劃學院、旅遊與國土資源學院等開設了「創業學概論」、「創業學」、「創業管理」、「創業團隊與領導藝術」等課程，初步形成了創業理論教育課群，經濟管理實驗教學中心又相繼開設了「創新思維訓練」、「創業模擬實訓」兩門通識課，其中「創新思維訓練」培養學生邏輯思維、形象思維、發散思維、聯想思維、逆向思維、辯證思維和應變思維等能力；「創業模擬實訓」培養學生市場調研、撰寫創業計劃書、公司註冊及營運等方面的基本能力，內容涉及工商管理、財務管理、稅務、會計、公司法等諸多專業知識。同時面向經管類學院開出了「創業綜合模擬實訓」、「企業經營管理決策綜合模擬」、「投資理財綜合模擬」等綜合實訓課程，基本形成了具有一定特色的創業實踐教學課程體系。同時，在現有實驗課程中融入創業教育的元素，將創業知識嵌入到專業實驗課程的教學內容之中，提高綜合性、設計研究性實驗項目的比重。在「管理學實驗」、「ERP沙盤模擬」、「企業經營決策與管理綜合模擬」、「投資理財綜合實訓」、「電子商務實驗」等實驗課程中，更多地介紹如何進行企業經營管理、投資理財等相關知識，強化了學生創業的基本技能。

（2）實驗教學方法與創新創業教育融合滲透

創新創業教育的目的不一定是培養企業家，更不是要求學生一定要開辦自己的企業，而是培養創業型人才，即具備創業意識、創業品質、創業知識和創業能力的人才。實驗教學在培養學生創新創業意識和品質方面的作用是顯而易見的。在實驗

中培養學生的獨立性，實際上就是解放學生的手腳、思想和行為，讓學生支配自己的實驗行為。要讓學生獨立思考「如何做」，從實驗項目選題、實驗目標、實驗內容到最終的實驗報告都由學生獨立完成，無形中培養了學生獨立思考問題的能力，獨立工作的能力和獨立生活的能力。讓學生獨立完成實驗項目，並不是放任自流，而是在實驗教師的監督、引導和幫助下進行，教師要在弄清學生的認知、興趣、愛好與特長的情況下，從發揮學生優勢出發，啓發、誘導學生在其特別感興趣的事情中尋求項目，大膽設想、開動腦筋，從而激發學生的形象思維、發散思維和直覺思維，鞏固和強化其邏輯思維。因此實驗教學要改變理論教學中以教師講授為主的「填鴨式」教學方法，廣泛採用角色模擬、案例分析、問題決策、研討式教學、博弈對抗、項目驅動、游戲競賽、頭腦風暴等多種有利於提高學生創新創業能力和實踐能力的教學方式。

例如，重慶工商大學經濟管理實驗教學中心建設了專門的經濟管理博弈實驗室，通過分組決策對抗方式組織教學，培養學生競爭意識和決策能力。改革實驗考核方式，改變那種按部就班撰寫實驗報告的方法，採用撰寫分析報告、PPT匯報、小組答辯、按團隊計分等方法，全面提高學生的創新精神和創業素質。

（3）實驗教學模式與創新創業融合滲透

模擬或實訓公司項目教學是經濟管理實驗教學和創新創業教育共同採用的一種模式，因此二者可以在此平臺上一舉兩得，既實現專業訓練的目的，又達到創業教育的效果。例如，重慶工商大學經濟管理實驗教學中心利用創業實訓基地平臺創建創業實訓公司，積極探索創業教育與專業教育的有機結合。支持經管類學院成立了數統學院金橋社會調查中心、會計學院財務與會計服務中心、管理學院中庸之道系統開發與管理工作

室等 15 家創業實訓公司。創業實訓公司是實驗教學平臺的重要組成部分，是教學實驗室的一種創新形式。其運行模式是學院管理，教師指導，學生主體。每個學院安排一名專業老師負責創業公司項目，另外至少有兩名以上具有豐富專業實踐經驗的教師參與指導。這些公司有的是真實的經營實體，有的是模擬經營實體，但其業務都是真實的，並且公司經營的業務範圍需要與學院相關專業一致，做到了專業實踐和公司經營的有機結合。創業實訓公司為學生專業實踐搭建了新的平臺，也為學生創業提供了新的載體。經管類實驗教學也從仿真化的實踐訓練轉換為更符合人才培養的全真化實驗教學方式。

（4）第二課堂實驗教學與創新創業教育融合滲透

第二課堂可以同時兼顧理論與實踐，較少受時間和場地的限制。實驗教學與創新創業教育應該充分發揮第二課堂在人才培養中的作用。

①成立學生創業社團，支持學生自主開展創新創業活動。例如，重慶工商大學成立大學生創新創業聯盟，在學校內組織各種與專業相關的創新創業教育活動，組織開展創新創業類交流會以及相關知識的講座，提升學生的創新思維和創業能力。另外創新創業聯盟組織成員到校企合作單位開展相關市場調研以及行業調研，體會真實企業的創業過程。創業聯盟發揮「自我管理、自我教育、自我服務」的功能，把創新創業教育融入到各項活動中，在參與活動的過程中促進學生創業意識的增長和創業實踐能力的提高。

②開展創新創業競賽活動，展示創業實力和成果。「以賽促學，以賽促教」是推動經管類實驗開放的一種有效形式。學生要想在學科競賽中取得好成績，必須熟練掌握相關軟件，他們自然會主動到實驗室操練或實踐。在比賽過程中，通過對真實環境的逼真模擬，讓學生分析、處理在現實環境中可能出

現的問題，提前的演練加深了他們對專業知識的理解，提升了創新創業能力。

　　例如，重慶工商大學每年舉辦一次校級「重慶工商大學大學生創業模擬大賽」，大賽以「電子對抗系統」和「ERP管理軟件」為競賽平臺，以創業計劃書為基礎。學生在創業大賽平臺下模擬真實企業的創立過程，完成創業計劃書、辦理工商稅務登記註冊，對創立企業進行營運管理等決策。通過對真實創業環境的模擬，幫助學生掌握在真實企業創業過程中可能遇到的各種情況與問題，並對出現的問題和營運結果進行分析與評估，從而使學生對創業有更真實的體驗與更深刻的理解。

第 5 章

經濟管理實驗教學平臺保障體系

實驗教學不僅是學生深化理論知識、掌握專業技能、培養創新思維的關鍵環節，也是提高學生綜合素質的重要途徑。建立一套科學合理的經濟管理實驗教學平臺保障體系，既是保證實驗教學平臺正常運行的關鍵，也是培養經管類學生創新能力的保障。高校應當制定並建立相應的配套措施和制度，這些措施主要包括經濟管理實驗教學管理體制保障、實驗教學隊伍保障、實驗教學運行條件保障及實驗教學質量監控體系保障等多個方面。

5.1 經濟管理實驗教學平臺保障體系概述

伴隨經濟社會的不斷發展，對人才培養的要求不斷提高，傳統實驗教學方法存在的不足已越來越引起高校的高度重視。改革傳統的教學手段和教學方法，利用現代電子信息技術與網絡技術，開設專業實驗課，模擬業務流程，培養學生的動手能力和實際操作能力，已成為高校經管類實驗教學改革的趨勢。實驗教學是培養學生創造能力、開發能力、獨立分析和解決問題的能力，也是全面提高學生素質的重要環節，是高等院校經

濟管理類專業教學活動的重要組成部分，是培養應用型經濟管理專業人才的有效用途，是培養複合型經濟管理專業人才的有效方式。借助和依託學科優勢和特色，建立適合經管類人才培養目標的實驗教學保障體系是培養應用型人才的基礎和手段。

5.1.1 經濟管理實驗教學保障體系存在的主要問題

目前，經濟管理實驗教學保障存在著一系列問題：

一是資源配置緊張。重視不夠和資金不足等原因，使得學生人均占用實驗室面積普遍偏少、人均使用實驗設備量不足，導致實驗教學難以開展或效果不佳，實踐教學環節不得不採取合併、裁減等手段。

二是師資力量薄弱。實驗教學觀念的滯後導致較多的高學歷、高職稱教師不願從事實驗教學。

三是實驗教材滯後。許多實驗教師認為實踐教材檔次低，不重視，使學校使用的實驗教材嚴重落後於整個行業發展的實際。

四是實驗教學的重要性、系統性體現不夠。在培養方案中獨立設置實驗課沒有得到全面貫徹，學生課外社會科技活動在整個人才培養中的作用沒有充分發揮，激勵管理機制還存在問題，學科競賽體系和運行機制不完善。

5.1.2 完善經濟管理實驗教學保障體系的對策

針對實驗教學保障體系存在的問題，相關高校和專家學者提出的對策主要包括以下幾個方面的內容：

一是規章制度的保障。通過建立各種規章制度，保障實驗教學的順利運行。

二是實驗室建設的保障。通過建立專業實驗室、實訓基地等措施保障學生的實驗課程。

三是實驗課程體系的構建。通過構建課程體系、加大要件建設力度、推動實驗教學改革等來確保教學質量的提高。

四是質量監控體系的構建。從質量監控體系目標、組織、制度、評價等方面進行系統研究。

五是師資隊伍的保障。包括實驗教師培訓、組建學科梯度、實驗教師學歷深造等。

鑒於課程體系的構建已在第三章進行了探討，本章主要就實驗教學管理體制保障、實驗教學隊伍保障、實驗教學運行條件保障、實驗教學質量監控體系保障等四個方面進行論述。

5.2 經濟管理實驗教學管理體制保障

建立科學合理的管理體制和運行機制，是保障經濟管理實驗教學平臺順利運行的前提。高校應全面深化實驗教學管理體制改革，從管理體制、運行機制等層面建立科學的實驗教學平臺保障體系，提高實驗室綜合效益。

5.2.1 經濟管理實驗教學管理體制現狀

（1）經濟管理實驗教學管理內涵

經濟管理實驗教學管理工作是指高等教育過程中與經濟管理實驗教學相關的各項管理工作。實驗教學管理的目的是遵循管理規律和實驗教學規律，科學地組織、協調和使用學校的人力、物力、財力和時間、信息等，確保實驗教學有秩序地進行，以完成實驗教學在高校教學工作中的目標。

傳統意義上高校經濟管理實驗教學管理工作包括實驗教學計劃管理、實驗教學文件管理、實驗教材管理、實驗教學運行管理、實驗教學檔案管理、實驗教學質量管理等。隨著現代教

育技術的進步和地方高校辦學模式和手段的改革，實驗教學管理又有了新的內涵，還包括實驗教學基本數據管理、開放實驗教學管理、實驗教學網絡資源管理、虛擬實驗教學管理。高校的經濟管理實驗教學管理工作是教學管理工作的重要組成部分，同時又有著其特殊性。隨著科學技術的進步和教學改革的推進，現代高校人才培養目標對實驗教學管理工作提出了更高的要求。

（2）經濟管理實驗教學管理體制現狀

《高等學校實驗室工作規程》第四章第二十條：「高等學校應有一名校（院）長主管全校實驗室工作，並建立或確定主管實驗室工作的行政機構（處、科）。」第四章第二十一條：「高等學校實驗室逐步實行以校、系管理為主的二級管理體制。規模較大、師資與技術力量較強的高校，也可實行校、系、教研室三級管理。」

2005年以前，大多數財經類高校實驗教學管理採用教務處設科的管理模式，除公共基礎課實驗室外一般直接隸屬於二級學院進行獨立管理，由二級學院負責實驗室的建設與管理、實驗教學任務實施和實驗人員考核。2005年底教育部下發《關於開展高等學校實驗教學示範中心建設和評審工作的通知》，要求實驗室建設模式和管理體制依據學校和學科的特點，整合分散建設、分散管理的實驗室和實驗教學資源，建設面向多學科、多專業的實驗教學中心。理順實驗教學中心的管理體制，實行中心主任負責制，統籌安排、調配、使用實驗教學資源和相關教育資源，實現優質資源共享。隨後，全國許多高校經濟管理實驗教學中心應運而生。近幾年來，各高校不斷探索經管實驗教學管理體制，但截止到目前為止並沒有形成統一的模式。現有的模式主要分為三類：

①院系教研室分管實驗教學

在這種模式下，教務處管理實驗教學質量，院（系）直接負責實驗室建設，教研室按課程組織實驗教學，實驗室一般按課程設置，簡稱「教研室管實驗室」。這種管理模式在當前的財經類院校中較為少見。其特點是：利於教研室與實驗室、教師與實驗技術人員間的協調；利於教學科研和人才培養間的統一；利於教師自身技能的提高，尤其是利於青年教師的培養；利於實驗室建設和形成特色實驗室；利於專業的發展和長期積澱，形成品牌；管理單一，責、權、利明確。優點是：教研室使用方便，易於管理。缺點是：適應範圍太窄；與其他實驗室的合作太少；重複建設，資源浪費，容易形成小而全的局面；用房多，實驗室人員編製多，資源消耗較大；經費不能合理配置。

②隸屬或掛靠學院的經濟管理實驗教學中心分管實驗教學

這種模式多適用於綜合性或理工類高校。由於學科專業的多樣性、複雜性、融合性以及專業自身的特殊性，這類大學成立隸屬於或掛靠於學院的經濟管理實驗教學中心，統管經濟管理實驗教學工作。如重慶大學經濟管理實驗教學中心隸屬於重慶大學經濟與工商管理學院；重慶理工大學經濟管理實驗教學中心則掛靠於會計學院。

這種方式的特點是：利於調動隸屬或掛靠院系的積極性，主動發現問題、解決問題；利於促進實驗教學和科研工作上檔次；利於扶持新專業、資源共享、揚長避短，促進院系內部專業的綜合與交叉；利於宏觀管理與微觀分解，上下聯動，責權分擔。優點是：資源共享程度較高，設備利用率較高。缺點是：實驗室功能受局限，難以形成特色；實驗因任課教師不參與或極少參與，影響教學的連貫性與一致性；實驗室與教研室間難協調；用房較多，經費較難合理配置。

③校屬經濟管理實驗教學中心分管實驗教學

目前，財經類高校大多實行校級管理模式，既將所有實踐教學資源高度集中於經濟管理實驗教學中心，統一進行管理。但是，由於各高校具體情況不同，其經濟管理實驗教育中心具體管理體制仍有差異：

一是直接隸屬學校的經濟管理實驗教學中心。該中心是與院系平行的獨立的校屬部門，統管全校經濟管理實驗教學工作，如重慶工商大學、廣東商學院經濟與管理實驗教學中心等高校。

二是在學校實驗教學部（處）下設經濟管理實驗教學中心，統管經濟管理實驗教學工作，如貴州財經學院等高校。

三是在學校教務下面成立經濟管理實驗教學中心，由教務處及中心統管經濟管理實驗教學工作，如哈爾濱商業大學等高校。

四是學校以聯盟的形式成立經濟管理實驗教學中心，即由院系實驗室以聯盟的形式共同組建經濟管理實驗教學中心，如中南財經政法大學等高校。

這種模式的特點是：具有獨立的教育資源，既有先進的教學儀器設備，又有統一的師資隊伍；管理機構完善，高度集權，管理隊伍齊全。優點是：資源共享程度高，設備利用率高；用房少，資金可統籌使用，合理配置。缺點主要是：不能充分調動二級學院（系）的積極性，工作協調難度大。

（3）經濟管理實驗教學管理體制存在的問題

中國經濟管理類實驗教學中心經過若干年發展取得了較大的進步。但由於多數高校認為實驗教學是輔助教學平臺，於是將實驗教學中心納入教學輔助部門，其管理體制和運行機制必然受到多方局限。

如何處理實驗教學平臺與相關學院（系部）和職能部門

的關係，如何設計平臺內部組織機構體系，是許多高校尚未妥善解決的問題。高校經管類實驗教學平臺運行機制也普遍比較呆板，缺乏靈活性，發揮的功能和作用受到較大的限制，運行機制不夠順暢。另外，近幾年來多數高校購置了較多的實驗教學設備和軟件，較大地改善了經濟管理實驗教學條件，但同時也出現了另外一個問題，那就是實驗教學平臺建設和運行的封閉性。一方面實驗室沒有很好地與社會、企業結合，導致其功能未能得到充分發揮；另一方面實驗教學基本上是在固定的場所利用計算機模擬操作，不能讓學生有身臨其境的感受，難以滿足學生的多元性需求。例如對實驗教師的不同需求，對實驗項目的不同需求，對實驗時間的不同需求等。高校經濟管理實驗資源的利用率低下，成為一種普遍現象。

①實驗教學管理理念滯後

目前，高校受傳統應試教育思想的影響，長期以來形成了重理論、輕實踐，重知識傳授、輕能力培養的錯誤認識。認為經濟管理實驗教學是理論教學的附屬，對實踐能力的培養重視不夠。不少地方高校從自身客觀經濟條件和投入產出的效益考慮，避重就輕，壓縮實驗教學學時，弱化實驗教學，實驗教學和管理工作長期得不到應有的重視。

②實驗教學資源共享不足，設備利用率低

在實驗室建設規劃時各學院都是從本部門的實際情況出發，提出各自的建設和設備配置方案；在建設時較少考慮設備的利用率與共享性，以及設備配置的實用性與前瞻性關係的合理協調問題。在硬件方面往往追求最新的高檔配置（服務器、計算機、網絡設備等），並重複添置超越學院自身需求的實驗室數碼照相機、掃描儀、彩色打印機等設備；在軟件方面往往由於購置時信息的不暢通而導致不同的實驗室購買相同的實驗軟件，或者用戶數僅能滿足該實驗室的現象，導致實驗教學資

源共享不足，設備利用率低下。

③開放實驗教學管理工作滯後

經濟管理實驗教學管理和實驗室管理手段的落後，嚴重影響了經濟管理開放實驗教學的運行和效果。隨著教學模式的轉變和教學改革的推進，高校日益重視學生創新意識和創新能力的培養，開放實驗教學和網絡教學是目前高校教學改革的重要內容。同時，隨著學分制改革的不斷深入，對開放實驗教學提出了更高的要求。顯然，現有的實驗教學運行模式與當今實驗教學要求不相適應。

④實驗教學管理手段落後

目前，許多高校經濟管理實驗教學管理工作還處於手工操作階段。實驗教學任務落實、實驗課程安排完全手工操作給實驗教學管理帶來繁重的工作負擔。實驗教學的基本信息收集和管理，缺少合適的數據平臺，沒有建立完整的實驗項目、人員、設備數據庫和實驗室建設、管理文檔庫，無法實現實驗室和主管部門之間信息數據的共享和同步，當需要數據上報或評估檢查時就要加班加點整理數據、趕材料，使本就繁重的管理工作更加艱鉅。

5.2.2 經濟管理實驗教學管理保障體系改革思路

要切實保障和深入推動經濟管理實驗教學改革，就要解決經管類實驗教學平臺管理體制不順、運行機制不靈活等問題。經濟管理實驗教學保障體系建設的基本思路是：

（1）建立「統籌管理、分工協作」的實驗教學管理體制

實驗教學管理體制的建立對於統籌實驗教學管理有著極為重要的作用。目前，許多高校在院系設置了專門的分管實驗教學領導和專門的實驗室主任，目的是與理論教學並行，強化實驗教學的地位。其結果卻適得其反，除了導致實驗教學與理論

教學相互脫節以外，還導致院系實驗室主任有名無實，「光棍司令」，無力履行相關職責。鑒於這種情況，重慶工商大學改革了這一體制，要求各經管類學院分管教學院長同時分管實驗教學工作，教學系主任分管本系實驗教學，經濟管理實驗教學中心統籌組織管理經管類學院實驗教學工作，中心與學院分工協作，相互配合。

（2）建立資源共享的實驗教學平臺運行機制

遵循「統一規劃、統一建設、統一管理、資源共享」的原則，在實驗教學體系、實驗室建設、實驗教學計劃安排、校外實習（實訓）基地建設等方面，統籌管理和調配相關教學資源，達到實驗教學低成本、高效益的目的。不僅有利於節約和有效利用教學資源，還有利於各專業、各學科之間相互交融、相互滲透，為學校培養複合型、應用型人才提供平臺。

（3）建立開放互動的實驗教學運行機制

實現學科交叉融合，真正建立以學生為中心的、靈活、自主的開放實驗教學平臺。要充分利用現代化手段，通過網絡、多媒體技術進行實驗教學，拓寬時間、空間概念，實行實驗教學手段的創新，使實驗教學成為培養學生實驗技能、開發學生智力、啓迪思維的重要訓練基地。

5.2.3 經濟管理實驗教學管理體制改革探索

高校經濟管理實驗教學管理體制各具特色，改革措施多種多樣。重慶工商大學經濟管理實驗教學中心（以下簡稱「中心」）積極探索實驗教學管理體制改革，運行效果良好，保障了實驗教學平臺的高效運行。

（1）樹立先進的實驗教學管理理念

要從根本上改變實驗教學的地位，妥善解決傳統實驗教學中存在的問題，首先要轉變實驗教學理念，貫徹「以學生為

本、因材施教」的原則，提高對實驗教學重要性的認識。重慶工商大學注重對學生探索精神、科學思維、實踐能力、創新能力的培養，重視實驗教學，從根本上改變實驗教學依附於理論教學的傳統觀念，構建獨立的實驗教學課程體系，充分認識並落實實驗教學在高素質創新型人才培養中的重要地位，形成理論教學與實驗教學統籌協調、和諧發展的理念和氛圍。

（2）調整理順實驗教學管理體制

中心堅持「統籌管理，分工協作」的基本原則，理順經濟管理實驗教學管理體制。重新調整經濟管理實驗教學中心機構設置，適度擴大中心人員編製，為實驗教學運行提供了組織保障。

一是學校成立了「重慶工商大學經濟管理實驗教學指導委員會」，制定了《重慶工商大學經濟管理實驗教學指導委員會章程》，充分發揮其教學指導諮詢和審議決策的作用。

二是學校制定了《重慶工商大學經濟管理實驗教學中心管理條例》，從制度上明確了中心的地位、基本職責，以及與教務處、國資處、經管類學院之間的關係，明晰了實驗教學的管理層次和內外協調機制。

三是調整經濟管理實驗教學中心內部管理機制，成立三個分中心（即「經濟學實驗教學分中心」、「管理學實驗教學分中心」和「創新創業實驗教學分中心」）、三個實驗教學建設專家委員會、三個學生專業實踐社團（「ERP學生俱樂部」、「大學生投資理財俱樂部」和「大學生創新創業聯盟」），分別發揮管理、指導和依託的作用。

四是調整經管類學院內部實驗教學管理模式，由各系系主任或副主任分管實驗教學工作並兼任對應專業實驗室主任。

（3）建立科學的實驗教學運行機制

①統籌規劃實驗教學資源

中心統一集中管理實驗教學儀器設備及實驗技術人員。不

同院系、不同專業間建設一個開放的實驗教學環境，有利於打破專業界限，有利於人員、設備的調配，有利於實驗室的充分使用，更有利於培養學生綜合的觀察、想像、思維、分析、解決實際問題的能力。對實驗室現有的儀器設備、實驗用房、實驗項目、人員和經費等進行全面清查梳理，整合學科相關、功能相近的實驗室，對各實驗室的人、財、物進行集中管理，統一調配、統一規劃和統一建設，打破學科、專業界限，面向全校實現實驗室資源共享，獲取實驗室的規模效益。

一是全面清理學校實驗室和實驗設備資源，分門別類，列出清單。

二是根據不同學科、不同專業、不同課程所開實驗的要求，歸納整理全校實驗課程的類別。

三是將清理歸納好的實驗項目與實驗室、實驗設備資源一一對應，在充分論證後重新確定實驗室建制。

四是制定統一的實驗室建設、實驗設備購置制度。對實驗室的建設、實驗室設備的購置方案進行充分論證，從源頭上杜絕儀器設備的重複購置。

②建立資源共享管理運行機制

中心實驗室建設和實驗教學打破由院（系）以及專業教研室分割而壘起的實驗室「高牆」，對實驗室的資源進行重新整合與優化配置，通過校企合作等多種途徑從企業引入優質資源，做到對內整合，對外延伸。實驗室除滿足各專業的實驗教學需要之外，還可支持教師和學生的科學研究，從而提高教師專業知識應用能力，改變教學中不合理的知識傳授結構。實驗教學中心還可為社會服務，為企業培訓提供案例、數據資源和場所，進而提高實驗室和實驗資源的利用率，增強實驗資源的規模效益。

一是優化配置，整合校內實驗教學平臺資源。實驗教學中

心為經管類學院的實驗課程提供實驗操作平臺，並根據確定的實驗教學課程統一協調實驗教學安排，並做好上課之前的準備服務工作。在實驗教學中心開設實驗課的學院，由學院派出實驗課教師，實驗中心派出實驗技術人員共同完成實驗教學任務。由於經管類各學院、各專業統一使用實驗場地、儀器設備和實驗耗材，最大限度地發揮了儀器設備、實驗室人員和實驗室的利用率，達到了低成本高效率的目的。

二是校企（地）合作，整合社會優質教學資源。經管類實驗教學中心必須充分利用校企（地）合作這一重要平臺，充分利用社會資源，構建開放的、全真的實驗教學平臺。對於經濟管理實驗教學來說，加強校企（地）合作，引入和整合校外資源尤其重要。高校應該積極爭取與企業（政府）共建實驗室或實踐基地，要支持教師到行業掛職鍛煉，要聘請行業專家到學校授課或講座，要將行業企業的典型案例或數據轉化為學校實驗項目。一方面，校企合作共建實驗室或實踐基地，建立全真化實驗公司。這種公司化校企合作模式，不僅是深化校企合作的需要，也是學校降低辦學成本與提高辦學內涵的需要，更重要的是將從根本上改變目前校企合作舉步維艱的困境，形成產學研結合的校企雙贏局面。中心引入重慶和勤機構共建和勤創新創業中心（公司），創新創業中心（公司）聘請學校學生和教師擔任實際職務，充分利用高校智力資源和勞動力資源進行社會化經營，從而實現學校與企業、與市場的無縫對接，且雙方均從中獲取一定的經濟效益與社會效益，是一種成功的嘗試。另一方面是校企合作開展實驗教學。高校可以通過校企合作從企業取得真實的實驗案例資料和數據，或者將校企合作研究課題或企業委託項目轉化為創新實驗項目，從而推動高校實驗資料真實化。高校也可以充分利用企業中具有豐富實踐經驗的行業專家，聘請他們擔任學校實驗教師，充實高校

實驗教學隊伍,並可試點將某個專業的全部或部分實驗課程委託給具有相應實力的企業。

③構建開放互動的實驗教學運行機制

實驗教學體系應在實驗教學內容、方法及管理上進行全方位改革,建立一套行之有效的拓寬知識面並提高學生實驗技能和科學素質的實驗教學及管理方法。中心積極探索建立開放實驗教學運行機制,充分利用實驗教學資源,在實驗教學場地、實驗教學時間、實驗教學內容、實驗教學師資、實驗教學面向對象、實驗教學手段、實驗教學方法等方面全面推行開放式管理。

一是實驗教學場地開放。建立網絡在線實驗室,為了更好地為學生服務,充分發揮實驗室資源效益,盡可能將相關軟件和實驗數據庫資源放在服務器上並掛在網頁上,學生在寢室、教室、圖書館等學校任何地方都可以上網並進行實驗操作。學生可以在網上進行實驗預約、提交實驗報告、徵集實驗方案,教師也可以實現網上輔導答疑,通過實驗資源的網絡開放,大大地方便了學生,從而較好地推動了開放實驗教學工作。

二是實驗時間開放。通過預約開放、定時開放、全天候網絡開放等方式滿足學生需求。預約開放,即師生預先向實驗中心提出申請,由開放部門統一安排;定時開放,即開放部門根據教學計劃的任務空當合理安排開放資源與條件,工作時間內隨時向師生開放;7×24 小時網絡開放,即實驗中心開放所有網絡實驗系統和網絡資源,對於設有權限的,只要師生事先申請使用權限,即可 7×24 小時任意時間使用。

三是開展經濟管理類開放實驗項目申報,實現實驗資源開放互動。在實驗教學內容方面,積極改造傳統的實驗項目,適當壓縮驗證性實驗項目,創造條件增加綜合性、設計性實驗項目,鼓勵學生自主設計創新性實驗項目,強化學生智力的開發

和能力的培養。另外在教學過程中強調師生之間的互動，注重學生的自主性學習和互動式學習，並在實驗教學過程中採用情景模擬、角色演練、案例討論等多元化的教學形式，增強教學中的互動性，激發學生的創新思維能力。在實驗教學師資隊伍方面，行業精英和政府部門專家走進學校，實現教學主體的多元化。實驗課教師與實驗員互動，中心設置擁有專業背景的專職實驗員，這些實驗員與實驗教師一起直接參與實驗教學工作，進行交流互動。實驗課教師在企業進行掛職，學習行業實踐經驗，提升實驗教學水準。實驗教學分中心教師定期開展教研活動，對實驗教學方法、內容等進行探討交流。在實驗教學面向對象方面，一方面突破學院界限和學生專業界限，中心設立的開放式的實驗項目突破學院和專業界限讓學生自主選擇實驗項目內容進行實驗；設計跨專業跨學科綜合實驗供經管類所有學生進行選擇，不同專業的學生在實驗過程中相互交流，提高學生的綜合實踐能力和團隊協作能力。另一方面面向校外企事業單位人員開放。校內學生到企事業單位進行實踐。企事業單位專家和實驗教學教師進行互動流動和學習。學校的開放式實驗項目及綜合實驗項目面向校外企事業單位人員開放，經管實驗教學中心要與企業單位合作進行職業教育培訓。

④搭建了實驗教學及管理信息平臺

中心積極開展實驗教學信息系統建設，自主設計開發了實驗信息管理系統和網站，依託並融入先進的數字化校園網，形成了硬件設備先進且具一定規模、軟件集成與共享、數據獲取渠道廣泛、實驗內容相對豐富、網絡管理高效的信息平臺。

一是網絡化實驗教學硬件平臺。中心依託學校先進的數字化校園網絡系統，先後通過日元貸款項目、中央與地方共建項目、學校專項以及每年的實驗室建設項目經費，搭建起16個可同時容納800餘學生開展實驗，可直接訪問校園網各種資源

和互聯網資源的網絡機房，中心下設各實驗室內部架設成100M局域網。服務器通過光纖連接校園網、通過兩套衛星接收裝置連接外部金融、地理遙感信息與數據資源，向各實驗室提供高速、即時、真實的數據、資訊和其他各種實驗教學資源，同時借助校園網，使實驗室功能擴展到教室、圖書館、學生公寓、辦公室、教師住宅區等地區，根據需要向社會提供實驗教學服務。

二是網絡化實驗教學管理信息平臺。中心自主設計研發的實驗教學管理信息平臺包括實驗信息管理系統、經濟管理類實驗數據庫、經濟管理類實驗案例庫與中心網站四部分。其中實驗管理信息系統包括實驗室基本信息、儀器設備與軟件、實驗耗材、實驗運行、實驗開放、實驗教學交互、實驗成果等管理功能，實現了對實驗的教學組織、過程、結果及開放進行有效管理。

通過信息化建設，使數據的發布、存儲、網站內容的管理方便、快捷。通過統一身分管理，實現了統一用戶管理、用戶認證和單點登錄三個層次的身分管理，提高了網站的安全性和便利性。

（4）建立規範化的實驗教學管理制度

①經濟管理實驗教學及實驗室制度管理

建立健全管理制度是提高實驗室管理水準的保證，要真正發揮實驗室的作用，必須建立和健全科學管理制度，按照科學管理原則，加強對實驗教學的監督、實驗室的實驗教學管理和實驗設備管理等。結合經濟管理實驗教學的特點，中心制定了一系列切實可行的規章制度和管理辦法，如《經濟管理實驗教學質量評估體系及監督辦法》、《實驗教學組織管理辦法》、《實驗教學課堂質量監控辦法》、《開放實驗項目管理辦法》、《實驗軟件管理辦法》、《經管實驗教學中心工作規則》、《實驗

室儀器設備管理制度》、《大型精密貴重儀器設備的管理辦法》、《實驗教學中心工作人員職責》、《計算機網絡安全制度》、《實驗室設備、器材借用、損壞、丟失賠償制度》、《實驗室儀器、設備檔案管理辦法》、《實驗室低值品、易耗品管理辦法》、《實驗室消防安全事故應急處理預案》、《實驗室固定資產管理辦法》等，內容涉及實驗人員崗位聘任及考核、實驗室工作規程、實驗室管理、實驗教學和儀器設備管理等各環節。與此同時，中心建立經濟管理實驗教學激勵機制、經濟管理實驗教學考核制度等，使參加實驗教學的教師和工程技術人員工作量的計算和授課酬金得到合理解決，並通過政策引導，吸引高水準教師從事實驗教學工作。

②加強經濟管理實驗室技術管理工作

經濟管理實驗室的技術管理是一個現實而重要的問題，主要包括計算機硬件的組裝、計算機操作系統的安裝、經濟管理實驗教學軟件的安裝調試、計算機網絡的組建與維護和計算機病毒的防治等方面的工作內容。目前，中國高等學校的經濟管理實驗室的計算機擁有量已相當可觀，最少也能達到上百臺的規模。而在實驗室上課的經濟管理類專業的學生，因其沒有計算機專業的背景，經驗不足，在使用計算機的過程中，有些學生操作不當，誤將計算機系統文件刪除，或有意無意地修改計算機的配置文件，或在進行網絡操作時感染病毒，這些都極易造成計算機系統運行不穩定，甚至崩潰，這些都給經濟管理實驗室的技術管理與維護帶來諸多不便。因此，中心採取積極有效的技術管理手段，從計算機軟件的安裝與維護、計算機安全管理、計算機網絡管理等方面加強了對實驗室的技術維護。

③經濟管理實驗室的設備管理

經濟管理實驗室的實驗教學儀器設備是實驗教學實施的重要保障。因此，對實驗教學儀器設備一定要做到「三好」，即

管好、用好、維護好。「管」只是一種手段，「用」才是目的。管好是為了用好，而要用好儀器設備，就必須對使用人員進行技術培訓，使其不斷提高技術水準，而要提高技術水準，就要掌握儀器設備管理知識。

　　中心強化了儀器設備的技術檔案管理。保管實驗教學儀器設備的原始檔案，包括訂貨合同、驗收記錄以及全部技術資料（如工作原理圖、電路圖、使用說明書、合格證、出廠檢驗單和附件等），對管好儀器設備至關重要。因為這些技術檔案是正確使用儀器設備，考核和評價儀器設備是否完好的重要依據。除此之外，還要建立儀器設備的使用檔案，用來記錄儀器設備的使用時間、使用人員、運行情況等記錄，以及故障現象與原因、排除故障的措施等維修記錄。使用檔案是考核儀器設備使用效益的重要依據，更是考核儀器設備技術狀態的依據。

　　④經濟管理實驗室的耗材管理

　　經濟管理實驗室的耗材主要是指日常辦公所需的打印紙、打印機墨盒或硒鼓、複印機碳粉、電源插座、中性筆、訂書針等低值易耗品，以及實驗教學所需會計單據、記帳憑證、轉帳支票等消耗品。中心強化了經濟管理實驗室的耗材管理，從耗材採購、庫存和使用三方面進行了強化，確保實驗教學的順利運行。

　　⑤經濟管理實驗教學技術人員管理

　　要建設高水準的實驗室，充分發揮實驗室功能，必須建設一支思想穩定、業務素質高、充滿活力的實驗室工作隊伍。在實驗室工作崗位中，建立一批穩定的專職和兼職結合的教學技術人員，建立青年教師進實驗室工作制度，增強青年教師的實踐動手能力和創新能力，加速青年教師成長。認真制定好實驗室人員的業務培訓規劃，採取短期脫產進修或實驗室專業技術崗位培訓。加強管理，落實崗位責任制，建立健全規章制度。

落實政策，提高實驗室人員積極性，在進修、提高、評優、福利、人事制度等方面與其他專業技術職務系列同等待遇。

5.3　經濟管理實驗教學隊伍保障

教育部《關於進一步加強高等學校本科教學工作的若干意見》和周濟部長在第二次全國普通高等學校本科教學工作會議講話通知上明確指出：「堅持傳授知識、培養能力、提高素質協調發展，更加注重能力培養，著力提高大學生的學習能力、實踐能力和創新能力，全面推進素質教育。」經濟管理實驗教學對於提高學生綜合素質，尤其是創新實踐能力有著重要的作用。在經濟管理實驗教學的經費、師資、設備三大要素中，實驗教學隊伍是其中最活躍、最關鍵的要素。建立一支穩定的實驗教學隊伍，提高其業務水準和整體素質，是推進經濟管理實驗教學改革，提高教學質量的關鍵。

5.3.1　經濟管理實驗教學隊伍建設的必要性

（1）創新人才培養質量的提高，需要加強實驗教學隊伍建設

經濟管理類專業創新教育，就是根據人才培養模式和目標的要求，以培養學生的創新精神、實踐能力為核心，更新教學內容，優化課程體系，調動學生的積極性、主動性和創造性，培養和造就一批高層次的創新人才。經濟管理實驗教學有利於培養學生實踐動手能力和解決問題能力，培養創造性思維和創新精神。這需要高水準的實驗教學隊伍科學合理地組織安排實驗教學過程，充分發揮經濟管理實驗教學在創新教育中的作用。

(2) 實驗教學條件建設的加快，需要加強實驗教學隊伍建設

高校自身發展和培養創新人才的需要，加大了對實驗室建設的投入，購置了許多先進的、技術含量高的儀器設備，增加了實驗教學資源數量，改善了實驗教學條件。這要求實驗教師及技術人員必須提高自身素質，熟練地掌握與利用高新技術含量的儀器設備，以便充分發揮儀器設備的效益，提高實驗教學質量。

(3) 實驗教學改革的深入推進，需要加強實驗教學隊伍建設

隨著經濟管理實驗教學改革的不斷深入，綜合性、設計性實驗在實驗課程中的比例逐步增大，以培養學生創新能力為目的的開放實驗教學方法逐漸推廣，實驗教學內容呈現的綜合性、新穎性以及複雜性特徵將越來越明顯，這對在實驗教學中起主導作用的實驗教學隊伍提出了更高的要求。實驗教學隊伍水準的高低成為決定實驗教學質量的關鍵因素。

5.3.2　經濟管理實驗教學隊伍的素質構成

(1) 教學及教學組織能力

實驗教師在進行實驗教學活動中，應圍繞人才培養目標，認真備課，合理組織，循循善誘地傳授知識。同時，還要從第二課堂等方面指導學生從事科學研究和社會實踐，培養學生的創新能力和實踐能力。

(2) 專業理論知識

科學的發展離不開實驗，而實驗離不開理論的指導，只有系統全面地掌握了科學理論，才能在實踐中運用自如、得心應手，充分利用科學理論指導實驗。如實驗課程體系的建立、實驗項目的提出、實驗教學內容和方法的改革、儀器的選取和故

障的排除等，都必須要有正確理論的指導。因此，經濟管理實驗教師及實驗技術人員必須具備紮實的相關專業理論知識，並從中挖掘、思考和研究，創新實驗方法和手段，提高實驗教學質量。

（3）實踐能力

經管類實驗教師本身應當具有一定的實踐經驗，具有較強的實踐能力，全面熟悉和掌握與相關專業緊密聯繫的社會實踐活動。同時，教師還應當具備指導學生進行課程實驗、綜合實驗和管理實踐的能力。

（4）創新能力

要求實驗教師應當具備學科知識的創新能力，並將這些創新能力傳授給學生，引導學生在專業知識方面去研究，去創新，培養學生在專業知識領域中認識問題、分析問題和解決問題的能力。經管類實驗教學本身是帶有很強創新性的教學活動，需要教師在教學活動中不斷探索，尋求培養創新型人才的新途徑、新方法，不斷推動實驗教學改革向縱深發展。

（5）業務技術技能

精湛的實驗技術是對優秀實驗指導教師和實驗技術人員的基本要求之一。隨著科學技術的進步，實驗儀器設備日趨電子化、數字化和自動化，且更新率加快，這就要求實驗指導教師和實驗技術人員在設備購置前對其性能要有全面的瞭解，設備購置後要盡快掌握儀器設備的原理、重要技術參數、技術要求和操作規程，具有對儀器設備嫻熟的操作使用技術和精湛的維修技術。同時，實驗教學人員還應具有實驗前材料的準備和實驗後數據的整理和分析能力、實驗儀器設備的設計和功能開發能力以及對實驗過程中出現的各種技術問題的處理能力等。此外，現代教育技術的應用和實驗教學方法手段的改革，也要求實驗教師必須熟練掌握網絡技術、課件製作和多媒體使用技

術等。

5.3.3 經濟管理實驗教學隊伍建設的途徑

（1）轉變傳統觀念，提高對實驗教學重要性的認識

要使實驗室工作在教學、科研、素質培養等方面發揮其獨特的作用，必須更新觀念，提升實驗教學隊伍的地位，高度重視實驗室的建設與管理，培養一支真正精通業務又會科學管理的實驗教學隊伍。

一是把實驗教學提高到與理論教學同等的重要地位。必須在高等教育領域提升管理部門和全體師生對於實驗教學重要性的認識，轉變傳統觀念，切實擺正理論教學和實驗教學的地位與分工，把實驗教學從輔助地位提升到重要地位。

二是提升實驗教學人員的層次。逐步減少低端專職實驗輔助人員的數量，大量引入高學歷高職稱人才，逐步拉平理論課教師和實驗教師的客觀差別。

三是充分認識實驗室工作在高校教學、科研中的地位和作用，實驗技術人員與教師之間只有分工不同，並無高低貴賤之分，提倡實驗技術人員甘當配角、樂為人梯的奉獻精神。提高實驗室工作人員的地位與待遇，讓所有參與實驗教學的人員處於平等的競爭地位，激勵和促進優秀人才的合理流動與整合。

（2）建立實驗教學教師梯隊，提升實驗教學師資隊伍整體素質

教師梯隊是按照年齡、學歷、教育能力、學術水準等標準對從事同一學科教學和科研的教師進行的分類，教師梯隊是一個有梯度、有層次的教師團隊。目前，中國高等院校一般分為研究型大學、教學研究並重型大學和教學型大學，與其培養目標和模式相對應，各類高校的教師梯隊在規模、層次和要求上存在很大不同。綜合性大學人才薈萃，教學、科研水準較高，

辦學規模大，儀器設備先進，綜合實力強，其教師梯隊應建設成以科研為主的研究型梯隊；教學研究並重型學校學科相對完善，擁有較多的碩士點和一定的博士點，教學和管理水準高，其教師梯隊應為教學科研並重的梯隊；教學型院校以教學為中心，科研服務於教學，其教師梯隊的主要任務就是搞好教學工作，在搞好教學工作的前提下開展科研工作。

建立經濟管理實驗教學教師梯隊就是要在經濟管理類專業範圍內按照實驗教師的年齡、學歷、教學能力、學術水準等標準建立一個有梯度的、有層次的實驗教師團隊，提升實驗教學質量，建立與理論教學同等重要的教師梯隊，從而為實驗教學服務，提升學生的創新實踐能力。

①提高經濟管理類實驗教師隊伍的整體素質。教師隊伍素質的整體優化是教師梯隊建設和優化的基礎。首先，要建立嚴格的實驗教師聘任制度，從源頭上提高實驗教師的素質。作為高校經濟管理類實驗教師，起碼應具有碩士及以上學位，並大力引進具有博士學位的教師從事實驗教學，從而使實驗教師的教學能力、科研能力與理論教師同等。其次是優化實驗教師梯隊隊伍結構。實驗教師梯隊建設既要注重教師的年齡、學歷、學緣、專業技術職務、學科等顯性結構的優化，又要注重教師的道德、能力、水準、性格等隱性結構的優化，在重視發揮老教師作用的同時，加快中青年骨幹實驗教師的培養，造就新的教學帶頭人和教學骨幹，使教師隊伍後繼有人，職務結構符合實際需要，高學歷教師比重增大，學緣結構趨近合理，教師隊伍結構達到全面優化。

②加強教學帶頭人的培養和引進。一個高水準、高素質的教學帶頭人可以帶出一個教學和科研能力強、綜合素質高的教師群體。學校應制定相關政策，積極引進高職稱、高學歷、高技能並且具有創新能力的人才擔任教學帶頭人，吸引高水準教

師從事實驗教學工作，並加強培養力度。對教學帶頭人在課題經費、津貼待遇等方面進行傾斜激勵。

③強化管理理念，加大管理力度。實驗教學教師梯隊建設是一項綜合治理工程，涉及教學、科研、管理、人事、後勤等方方面面。為此要專門成立相關領導機構，負責制定實驗教學建設規劃，協調解決教師梯隊建設工作的有關問題，並建立起一套完善的管理制度，使教師梯隊建設走上制度化、科學化的軌道。在管理過程中應強化以人為本、以教學為本、開放式、動態的教師梯隊管理理念。並要樹立教師參與社會實踐、服務於社會與經濟發展的理念，不斷提高實驗教學教師梯隊的整體水準。

（3）優化實驗教學師資隊伍結構，加強實驗教學隊伍的管理

創造以人為本的和諧工作氛圍，穩定現有實驗教學隊伍，同時多種渠道吸納優秀人才，優化現有實驗隊伍的結構。

①通過實驗室的科學設崗，減少固定編製，建立流動編製，引入高素質人才進實驗室，充實實驗教學隊伍。逐步將過去以實驗教師、實驗技術人員、實驗員為主的實驗教學隊伍過渡到以課程負責人與實驗教師為主，博士、碩士研究生和實驗技術人員為輔的高水準實驗教學隊伍，實現理論與實踐、科研與教學的有機結合。

②改革實驗教學方式。提倡學科帶頭人、教授、博士指導實驗課，實行教師輪流帶實驗，實現理論課教師和實驗指導教師的輪崗；充分發揮在讀研究生在實驗教學中的積極作用，這既有利於研究生的培養，又有利於改善實驗教學隊伍結構；選拔責任心強、學術造詣深、治學嚴謹、具有創新精神的學術帶頭人擔任實驗室主任，給實驗室建設和發展注入活力。

③重視專任實驗教師雙師結構的搭建。「雙師型」教師是

指具備良好的師德修養、教育教學能力，良好的職業態度、知識、技能和實際操作能力，持有「雙證」（教師資格證書和專業技能證書）的專業教師。「雙師型」實驗教師既有紮實的理論基礎，又有較強的實驗操作經驗和操作技能，比理論課程教師更加清楚專業性質、專業的工作流程及在實際工作中可能出現的問題，對前沿的專業技術及其發展有一定的研究。聘請一定比例的行業企業精英作為兼職實驗教師加入到實驗教學團隊中，保證實驗教學內容緊跟社會發展。這樣的實驗教師隊伍才能作為組織者、引導者、合作者與服務者，在實驗教學過程中充分發揮學生的主體作用，激發學生的創新意識，培養具有創新精神和創新能力的人才。

④穩定實驗教學人才隊伍。逐步提高實驗教學人員的待遇，在實驗教學的課時津貼分配上，應與專任教師崗一視同仁。在職稱評定上，大膽地改革創新。在實驗技術系列設立正高級別職稱，對理論基礎濃厚、技術精湛、成果豐富的實驗技術人員應允許晉升正高級別職稱，為他們提供發展空間和積極向上的動力。這樣才能讓高水準人才安心地在實驗室工作，使他們能夠感到專任教師崗位與實驗技術崗位只是分工不同，不存在高低貴賤之分，從根本上解決實驗教學隊伍不穩定的問題。

加強實驗教師師資隊伍管理是提高實驗教學質量水準的根本保障。一方面要強化實驗專職教師的管理，按照經管類相關專業劃分各學科教師，改革實驗專職教師聘用制度，提高實驗教師工作待遇。另一方面劃定實驗技術人員工作職責，理順實驗室的管理機制，完善和修訂實驗技術人員的聘任、考核、流動、工作量核算、工作職責等規章制度，重視規章制度的落實。總之，建立一支思想穩定、業務過硬、技術全面、結構合理的實驗教學隊伍，是有效提高儀器設備使用率、提高實驗室效益的決定因素，是實驗室建設和管理的關鍵，是培養創新創

業人才的基礎，是促進學校又好又快發展的基本條件。

（4）加大實驗教學隊伍的培訓力度，提高實驗教師學歷層次

建立和完善實驗教學人員學習、培訓制度，採取會議、座談交流、定期培訓、崗位輔導培訓等多種形式，不斷更新提高實驗教學人員的知識與技能，從多個層面提高實驗教學人員的綜合素質，保持實驗室建設和發展的生機與活力。

①加強實驗隊伍崗位培訓。制定科學的培訓規劃，採取有力的培訓措施，認真組織培訓工作，切實提高實驗教學隊伍的業務水準和整體素質。在培訓內容和形式上，可採取普及與提高相結合、理論與實踐相結合、在職與脫產相結合、長期與短期相結合、業務培訓與學歷提高相結合等方式，達到提高實驗指導教師和實驗技術人員的專業理論知識、實驗技術技能和組織管理能力的目的。在聘請行業企業精英的同時，應當特別注重定期組織實驗教師到行業、企業掛職學習，不斷吸收新鮮血液。

②鼓勵實驗教師提高學歷層次。採取相應激勵措施，鼓勵實驗教師繼續深造，提高自身的專業素質和專業技能。

③鼓勵實驗教師外出考察交流。不定期參加國內外實驗教學交流會，豐富自身的專業知識同時，瞭解當前實驗教學的難點和創新點。

④採用傳幫帶等其他多種形式提高實驗隊伍人員素質。安排和要求低學歷及非本專業學歷的實驗教師在職聽課，組織校內或校外實驗技能、計算機水準及英語等級培訓班，以老帶新，發揮優秀實驗教學人員的傳幫帶作用，鼓勵和支持實驗教學人員參加科學研究、學術交流和實驗教學改革等，在教學和科研實踐中提高素質。

總之，通過培訓，實驗教師應具備紮實的專業知識、較強

的動手能力和較寬的知識面，瞭解和掌握通用的理論知識以及電子、計算機等應用技術，熟練掌握所管理使用儀器設備的性能及操作、維修方法，注重實驗方法的設計和保持儀器設備處於最佳工作狀態，促進實驗教學與創新活動的開展，從而推進實驗教學質量的不斷提高。

5.4　經濟管理實驗教學運行條件保障

加大實驗室環境建設、強化實驗教學軟件建設、搭建實驗教學信息技術平臺對於保障實驗教學的順利運行起著極為重要的作用。

5.4.1　經濟管理實驗室環境建設

近年來，中國高校經管類實驗室的規模不斷擴大，數量不斷增加，發展迅速，對提高教學質量，培養學生綜合能力發揮了重要作用。但與理工類學科的實驗室相比，經管類實驗室的建設還有許多需完善的地方，特別是在實驗室環境建設方面重視不夠。然而，實驗室的環境建設對實驗教學質量起著不可忽視的作用：

一是培養人才的需要。對於學生而言，經管類實驗室是有別於傳統教室的一種特殊教育的場所。雖然學校的各方面都會影響學生的成長，但是經管類實驗室對學生的成長、成材、成人的影響意義更加重大。良好的經管類實驗室環境會使身臨其境的人心情愉快，增強自信心和學習興趣，從而更加熱愛所學的專業。

二是實驗教學的前提。經管類實驗室軟環境實質上是主體進行工作、活動的一種人文環境，其形成是長期的，有其歷史

繼承性。積極向上的工作態度、結構合理的隊伍、科學規範的制度、內涵豐富的管理文化，是我們從事實驗室管理的良好文化氛圍，營造這種寬鬆和諧的經管類實驗室軟環境，是創新思想不斷湧現的基礎。盡可能地保護好實驗教師、科研工作者的身心健康，是穩定實驗教師隊伍，搞好實驗教學的需要。

三是資源共享的基礎。經管類實驗室的環境建設有利於加強校際間的交流和合作，良好的實驗室環境能增加實驗室的競爭力，吸引外校、企業和科研單位的注意力，提高實驗室的知名度和美譽度，從而有利於進行廣泛合作，提高儀器設備的利用率，產生較好的經濟效益。同時廣泛的交流合作也可以互相促進、共同提高，增加實驗室的研發能力和科研水準，促進實驗室的進一步發展。

（1）綜合實驗室建設

隨著中國各大高校對實驗教學越來越重視，經濟管理類綜合實驗室建設得到了較大的支持。經濟管理類綜合實驗室面向經濟管理類各專業，基本上採用計算機房形式，其實驗設備主要是計算機與專業應用實驗軟件。其特點為：

一是承擔著學生進入大學之後進行實驗基本技能的訓練任務。它的實驗教學效果如何，不僅直接影響後續課程的教學，而且對學生畢業之後的工作產生深遠的影響。

二是實驗教學任務繁重。綜合實驗室承擔著經管類各專業實驗課程數目龐大，無論是實驗課時、學生時數，還是實驗項目數在教學中都佔有較大的比重。也就是說本科生教學實驗有將近一半是在綜合實驗室中進行的。

三是綜合實驗室以教學為主，絕大多數使用的是計算機等硬件及實驗教學軟件，供初學者反覆頻繁地使用。由於使用頻繁，實驗教學硬軟件故障率、損壞率較高。而這類實驗室資金投入渠道少，如果不重視，硬軟件設備很少得到更新，難以保

證實驗教學的要求。

為此，要結合高校實際需求，強化綜合實驗室建設力度：

一是加大資金投入。改變傳統實驗依附於理論的做法，抽調專門經費，根據實驗教學需求，學生人時數建立綜合實驗室。

二是規範綜合實驗室管理。從實驗室建制、規章制度、儀器設備、實驗教學隊伍等多個層面規範實驗室管理。由專門的實驗技術人員負責相關實驗室，保障實驗教學的順利運行。

三是提升綜合實驗室利用率。根據經管類各專業需求合理安排實驗課程。分散實驗課程時段，在條件適當的情況下，利用晚間、週末的時間分擔高峰期實驗室的利用；同時加大開放實驗教學的力度，從時間、空間上實行開放，提高實驗室利用率。

四是加大對實驗室設備的維護。對於較舊的儀器設備、實驗教學軟件要及時更新。同時強化新設備、新軟件的培訓及使用，定期對設備及軟件進行檢修，保障日常實驗教學的順利運行。

（2）專業實驗室建設

①專業實驗室建設意義

專業實驗室對學生的實踐能力和創新精神的培養方面起著重要的作用，是培養學生綜合素質的重要基地。主要表現為：

第一，實驗室是實踐教學的重要場所。經濟管理專業實驗室主要是提供模擬市場環境來考查學生應用理論知識的能力以及提高學生創新能力。經濟管理專業實驗在培養學生具有將來所從業崗位必需的操作技能的目標上起到非常重要的作用。這個目標的實驗主要是通過學生實驗接受系統的、正規的專業技術、技能的訓練，並使這種訓練達到一定的熟練程度來實現的，對學生提高解決實際問題的能力起到非常重要的作用。

第二，對鞏固經濟管理理論知識意義重大。在市場經濟條件下的現代經濟管理專業課程多、系統性強、相互聯繫緊密，迫切地需要理論與實踐相結合的教學方法。經濟管理專業實驗室的建設能夠有效地緩解學生眼高手低的劣勢，大大提高了實驗教學的水準，同時也很好地實現了理論與實踐相結合的目標。

第三，對學生就業意義重大。目前社會亟需大量的經濟管理專業人才，但目前的教育體制、課程設計等不能很好適應形勢的發展需要，導致學生畢業後缺乏實踐能力，不能很快上手，需要企業另外投入人力與物力重新進行培養和教育。同時，由於院校擴招的影響，如果學生沒有過強的專業技術就無法產生有效的競爭力量。經濟管理實驗室能夠讓學生在實驗的環境下實踐理論、應用理論，讓理論與實踐對接，最終實現就業零距離。

②專業實驗室建設目標及思路

經濟管理專業實驗室不僅為各門課程教學軟件提供環境支撐，而且應強調依託課程群的模擬實驗環境，推動教學、研究與實踐的緊密結合。實驗環境的建設從強調學生上機認知實習和操作驗證，到創造模擬企業環境注重綜合知識與創新能力培養，並鼓勵教師積極參與管理實踐。總之，實驗室建設目標應包括以下幾個方面：

一是從單純硬件和網絡建設轉向模擬企業真實的實驗環境。

二是從單個教師的驗證性實驗教學轉向課程群為基礎的跨學科教學團隊和教學資源的綜合性集成實驗環境。

三是從教師閉門設計認知性教學實驗提升為師生共同探索創新型實驗學習模式。

四是從封閉的實驗環境轉向以跨時空協作的體驗和研究性

網絡實驗環境。

　　按照經濟管理專業實驗室建設目標，實驗室建設應體現「三大結合」。具體如下：

　　一是專業實驗室建設應與學科建設相結合。一個學科要覆蓋若干個專業，而專業可以支持若干個學科。學科是相對固定的，它的建設與發展是長期的，它的水準需要不斷地累積。而專業則相對靈活些，它可以根據社會的需求來決定自身的規模和發展方向，相對於學科而言，它的建立與撤銷則較容易。由於學科的發展相對穩定性，同時又是學校水準的象徵。因此，各校對學科的建設都是相當重視的。所以，經濟管理專業實驗室的建設應該和學科建設結合在一起，這將會給專業實驗室帶來相對穩定的發展空間。

　　二是專業實驗室建設要與實驗教學改革相結合。要以促進實驗教學體系、實驗教學內容、實驗教學方法改革為切入點，提高學生的科學思維能力，激發創新意識，增強實際工作能力。在專業實驗室的建設中，以實驗教學體系和內容改革為先導，以集成建設向綜合平臺發展為目標，以教學和科研相結合、院系共建為原則，並將專業實驗室的建設與本科教學水準評估相結合，最大限度地發揮投資效益。

　　三是專業實驗室建設與課程教學改革相結合。長期以來大多數實驗是為了驗證理論，加之課程劃分過細，使得各課程的實驗體系顯得比較零亂，各自為政，內容單一。實驗室體制改革後，根據21世紀人才培養的要求和「厚基礎、強實踐、整體優化」的原則，按學科大類重組、優化實驗教學體系，構建適應現代社會需要的與理論教學體系相對獨立的專業實驗教學模塊。

　　③專業實驗室結構設置

　　根據經濟管理專業課程的特點，強化專業實驗室的結構設

置，比較典型的經濟管理專業實驗室如 ERP 實驗室、統計預測與決策模擬實驗室、金融實驗室、電子商務實驗室、物流與供應鏈管理實驗室等。各實驗室根據需要配備必要的計算機、投影儀、打印機、LED 大屏幕顯示屏、多媒體演示設備及相關軟件，這些設備可以購買或通過與商家合作降低購買成本。

ERP 實驗室：軟件配置為 ERP 軟件，搭建仿真企業平臺。在實驗中，需提供仿真的業務處理環境，使實驗者有置身於企業當中、身臨其境的感覺。環境模擬不僅包括一個單位內部的工作環境，還包括企業與外部關聯單位的工作關係。在模擬實驗中，以企業實際流程為引導，針對某一特定業務，由實驗者模擬企業不同部門不同工作崗位獨立完成業務處理，從而使實驗者能夠熟悉系統功能，明晰不同類型業務處理的流程，能夠系統性地將理論與實踐相結合，提高實踐能力。

統計預測與決策模擬實驗室：軟件配置為 Clementine、SAS、SPSS、Excel、Matlab、Eviews。主要連結的數據庫則根據需要連結，如中國工業統計數據庫、中國投資企業數據庫、行銷數據庫等。通過實驗，學生熟悉應用各種統計分析軟件，而且能夠深刻理解理論知識，並能熟練運用各種軟件進行數據分析，根據數據分析結果建立模型以對決策提供支持。

金融實驗室：本實驗室可分為 3 大模塊，即銀行經營管理模塊、證券投資模塊以及財務分析模塊。主要軟件配置：銀行業務模擬軟件、銀行經營管理智能分析系統、金融分析系統、財訊分析與模擬系統、SAS、SPSS 等軟件。主要數據庫連結為 CCER 數據庫、CSMA 數據庫、商業數據庫，同時也可連結一些國際性的數據庫等。通過讓學生扮演金融內各角色在仿真環境中處理各角色所需負責的業務，使學生切身體會及熟悉瞭解金融方面的業務流程。

電子商務實驗室：主要軟件配置為商場管理系統、網上商

店、網上拍賣管理系統、進出口電子單證系統以及國際商情聯機檢索系統，開發工具還有各種網頁設計和製作工具，如Flash、Photoshop、Fireworks、Dreamweaver，開發語言有Visostudio.net 等。通過在實驗環境下模擬網上 B2B、B2C 流程，讓學生在電子商務流程中充當一定角色，入席企業中客戶管理，商品在線分類查詢、促銷、採購、訂單、支付等一系列電子商務操作。

物流與供應鏈管理實驗室：主要軟件配置 SPSS 系統、供應鏈管理系統調度系統、訂單管理系統、採購管理系統等。通過實驗，學生扮演不同角色，模擬物流從訂貨開始，通過生產、存儲、配送、發貨直至到貨的過程，同時配合物流信息系統和設備的使用，提高並加深學生對物流知識的理解及應用於實踐的能力。

④專業實驗室建設方案

制定切實可行的發展建設規劃，推動專業實驗室合理建設。經濟管理專業實驗室建設規劃應從經濟管理學科現代化建設的高度來制定，既要考慮學科建設需要，又要考慮人才培養的需要。正確處理理論教學、計算機模擬教學和其他綜合性、設計性實驗教學的時間安排和銜接，做好軟硬件資源的統籌建設。加強實驗教學師資隊伍建設和資源庫建設，協調教學、科研和社會服務的關係，使規劃具有前瞻性和開放性。

提高認識，加大投入。要加強經濟管理專業實驗室的建設，最重要的是學校領導和教師認識到實驗教學的重要性。在提高認識的基礎上，在科學發展觀的指導下合理規劃實驗室的建設方案，提供經濟管理專業實驗室建設必要的場地，加大軟硬件的購置力度，同時還要建立合理的實驗室組織架構，以便提高設備利用率。

整合資源，強化專業實驗室軟硬件和網絡建設。在實驗設

備上，硬件的購置保證相關軟件和模擬實驗環境的正常運行。作為開放式模擬訓練實驗環境，除在實驗室內部保障計算機實驗條件外，在網絡環境上，通過實驗室專業服務器，利用校園網為學生在宿舍或其他環境進行專業實驗提供便利。在實驗教學軟件上，要結合經濟管理類人才培養目標，安排專業老師對軟件進行試用和驗收，確保實驗軟件購買後的高使用率。同時加大對軟硬件設備的管理和維護，及時更新替換故障設備及過時教學軟件，保障實驗教學的順利運行。

做好經管類專業實驗室環境文化建設，營造實驗室文化氛圍。經管類專業實驗室的環境文化布置主要為：

一是布置要美觀大方。美觀舒適的環境是吸引學生、提高學生實驗興趣的一個重要因素。比如：會計實驗室應該布置得寧靜、莊重；而 ERP 沙盤實驗室又應該布置成充滿活力、競爭的一個環境。

二是合理利用室內、走道牆壁形成與實驗室相配套的文化氣氛。可採取多種形式，利用牆壁，介紹傑出的經濟學家、國內外經濟動態、著名企業家、本實驗室已完成的研究成果、學生競賽榮譽、名人名言等。調動參與實驗的各方主體，增加經管類實驗室的文化氣息，把裝飾藝術、美學、行為心理學、健康學等知識應用到經管類實驗室環境規劃設計之中，要探索發展具有中國高校特色的經管類實驗室文化。

(3) 實訓基地建設

①實訓基地建設意義

一是社會發展的需要。社會經濟不斷地快速發展，經濟管理類專業人才必須適應社會發展對人才的需求。經濟管理實訓基地的建設，有助於培養學生的社會實踐能力、創新能力、創業能力，提高學生的就業能力。

二是提高學生專業能力的需要。目前，經濟管理類專業在

校生普遍存在實習單位難找，實踐經驗不足，或到企業去不知道該做什麼工作及工作如何下手等問題。經濟管理實訓基地的建設，將使學生掌握經管類相關工作的全過程，同時也將不同學院不同專業的學生組合在一起，培養了團隊精神，提高了學生的綜合協調處理能力。

三是資源共享的需要。隨著社會經濟結構轉型與經濟的快速發展，高校經管類專業由原來較為單一的設置發展到現在的會計、財務管理、金融保險等多個專業，專業建設不斷走向成熟。專業學科間的相互融合需要建立實訓基地，滿足不同專業學生實踐需求的同時提高教學資源的利用率。

四是培養學生創新創業能力的需要。現代教育應注重培養創業精神和創新能力，使學生具備以創新創業能力為核心的綜合實踐能力。經管類實訓基地的技能操作、項目實施、仿真模擬等一系列模擬訓練，既可培養學生的創業精神和實踐能力，又可激發學生的創造性和創新思維，並使創造的慾望轉化為能力。

②實訓基地建設策略

一是依託集群，構建實訓基地框架。所謂專業群，是指由若干個相近相關的專業（或專業方向）共同組成的專業集群。依託專業群構建實訓基地框架，就是以專業群中的龍頭專業或重點專業為核心，以專業群中的其他相關專業為輻射，構建實訓基地體系。這樣既可減少實驗、實訓室建設中不必要的重複投資，提高設備、設施的利用率，又能突出重點，提升設備的先進性和實訓的系統性，從而滿足經濟管理類專業技能實訓綜合性和多樣性的要求。

二是基於實戰，建設實訓基地內涵。經濟管理專業實訓基地的建設，應盡量考慮實訓情境真實性的需要，努力擺脫傳統的模擬實訓框架，特別是本科院校驗證性的實驗模式。應以就

業為導向，根據就業崗位的技能需要，加強一般性、仿真性和實戰性「三性一體」的實訓基地建設，特別是要著力打造實戰性實訓基地。例如：組建經營性創新創業實踐公司，可讓流通、經貿類專業的學生直接參與一些商品的銷售，並將經營業績與專業實訓成績掛勾，行銷利潤與學生分成，充分調動學生實訓的積極性，讓學生在行銷實戰中瞭解商品、瞭解市場、瞭解顧客，從而學會行銷的技巧。

三是建立教師培訓機制，加快「雙師型」專業教學團隊建設。要不斷完善實習實訓基地兼職教師管理制度，專門聘請企業專業骨幹參與實踐教學管理，充分利用實習基地企業的設備和人員優勢，加大產學研合作力度。年輕教師利用指導實習的機會或教學之餘深入基地企業，與企業的技術骨幹、技術專家、工程師、技師、技術員等接觸交流，得到實際鍛煉，提升專業實踐能力。

四是校企合作，創新實訓基地模式。以校外實習基地為橋樑紐帶。加強與企業的協作，發揮設備優勢、人才優勢，優先為掛牌實習企業作好服務。將企業在工作實際中所遇到的技術性、管理性和經營性難題及案例作為專題，通過課餘興趣小組形式，由師生共同研究開發，以此來帶動教學，使教學與科研相互促進，同時接受由企業委託的項目開發課題，與企業技術人員合作，使學校和企業科研人才相互滲透。通過聯合開發，即可推動企業發展，增強企業經濟活力，同時也給學校注入了科研動力。

五是面向社會，做強實訓基地品牌。經濟管理類專業實訓基地建設，除了應考慮專業群內各專業的實訓輻射面外，還應考慮其社會服務功能，為社會相關企業的員工崗位培訓提供優質服務。面向社會，做強基地服務品牌，就是要增加投入，做大、做強實訓平臺，努力在技能教學規範化的基礎上突顯出基

地的系統性和先進性，在地方或行業內起到示範與引領作用，成為某種技能培訓、考核與發證中心，既能提升學院的實驗教學質量，又能提高實訓設備的利用效率。

5.4.2 經濟管理實驗教學軟件建設

隨著教育理念、教學方式方法的改變，經濟管理類實驗教學越來越被各院校所重視。在經濟管理類實驗室中，許多實驗教學主要採用軟件方式實現，這些軟件提供了學生瞭解實際業務的環境，提供了練習業務操作的平臺。為此，明確實驗教學軟件功能和性能，合理選擇實驗教學軟件成為實驗教學重要的環節之一。

（1）實驗教學軟件選擇依據

①先進性。實驗教學軟件應代表先進的技術成果和先進的管理理念，要發揮好實驗室的人才培養、科學研究、社會服務三大功能，必須將實際工作部門正在使用的軟件搬到實驗室來，進行仿真教學，使教學更貼近實際，真正做到理論聯繫實際。

②易用性。軟件安裝要簡便，設置不會跟系統或者其他軟件產生衝突，保證整個系統軟件的可用性。而且盡可能在網絡環境運行，界面美觀、友好，操作簡便，方便教學。

③共享性。考察軟件能否為多個實驗項目實踐提供支持，並考察軟件能否在盡可能多的計算機上安裝或者共用。

④配套性。考察是否具備適於軟件運行的外部條件，如實驗課程計劃和實驗大綱是否符合，還有實驗教師及技術人員、相配套的硬件環境、經費等是否具備。

（2）實驗教學軟件引進途徑

①軟件商提供。實驗教學軟件包括應用軟件和專業軟件。應用軟件商是通過付費或免費提供經濟管理類商品軟件或測試

版軟件。由於軟件的專利權等問題，應用軟件商根據實驗教學需求，對已有商品軟件加以部分開發，形成新的教學軟件。加之一些教學軟件只能滿足實驗教學的部分需要，難以見到真正完全符合實驗教學的應用軟件。為此，在選擇使用應用軟件商提供的軟件時，應該有自己的主見，要清楚將得到軟件是否真正滿足教學需要，而不是給了我們多少優惠。專業軟件商是指進行從事實驗教學軟件系統開發的專業軟件商。目前市場上已經可見到少量的、較簡單的由專業軟件商研發的實驗軟件產品。同時高校實驗室根據實際教學需求，提出教學軟件大體構想，由專業軟件商開發實現。由於此種軟件由專業軟件商開發，故而在維護及升級時需向專業軟件商支付一定費用。

②交流共享獲取。通過交流、共享的方式來獲得和使用實驗軟件實際上是存在的，一般來說這類軟件的規模比較小，多數是單機版的，並且實驗內容也單一，水準一般不太高。

③研發獲取。包括自主研發獲取和聯合研發獲取。自主研發是高校按教學目標和內容自行設計研發設計實驗教學軟件。自主研發要有這樣幾個前提：知道實驗教學的目的和內容，知道實驗教學軟件應該具備的業務功能和教學功能，知道如何設計和實現實驗教學軟件，還必須有一個具備軟件開發和實現能力的團隊。聯合研發也是一種可選擇的、行之有效的實驗教學軟件獲取方式。聯合的方式也有多種，既可以是學校與專業軟件商聯合，也可以進行兄弟院校間的聯合。合作的各方均將自己的優勢融入進合作研發的軟件系統，在自己熟悉的領域方面投入力量和技術，真正從實驗教學的角度出發，採用先進的設計理念和方法，研製出符合現代實驗教學需要的、科學合理的實驗教學軟件系統。由於計算機及網絡技術的飛速發展，目前許多行業都擁有了品質優越、技術先進、理念新穎的專業軟件系統，這些系統的成功經驗對實驗教學軟件系統的研發來說極

具借鑑意義。合作各方的交流與協作將會引起多領域、多學科的思想和技術的交融，相互促進、共同發展，合作的各方都將會從中獲取到豐富成果和利益。

（3）加強實驗教學軟件建設的建議

①注重實驗教學軟件論證。實驗教學軟件的論證對於提高實驗教學質量、優化教學資源、合理利用實驗設備經費有著十分重要的作用。實驗教學軟件費用高且技術性強，故而高校經濟管理實驗教學軟件論證應由資產管理部門牽頭，財務部門、教學管理部門、實驗管理部門、實驗室技術人員、實驗教師等共同組成論證隊伍，針對實驗教學軟件進行系統論證，討論實驗教學軟件的可行性，切實保證實驗教學軟件的高利用率和實用性。

②強化實驗教學軟件培訓。實驗教學軟件的應用性、技術性要求強化實驗教學軟件培訓。無論是實驗教學人員還是實驗技術人員，在驗收實驗教學軟件時都要對軟件的性能、功能、安裝、應用範圍等做系統的瞭解和研究，並由軟件提供者定期或不定期進行培訓，切實掌握軟件的運用。此外，要加強實驗技術人員與實驗教師的聯繫，共同維護實驗教學軟件的正常運行。

③加強實驗教學軟件維護。經濟管理實驗室在教學實驗中出現的軟件問題主要包括以下幾種情況：由於學生的操作引起的，如誤刪文件或其他的惡意操作；病毒引起的軟件故障，病毒來自學生帶來的 U 盤或者來自互聯網；軟件之間的衝突問題，一些軟件同時安裝在一起導致運行衝突，例如會計軟件中的用友系列產品和金蝶系列產品是不能安裝在一起的；系統中安裝軟件太多導致運行速度變慢，甚至死機，由於經管類教學所要使用的軟件繁多，而且有些軟件的容量十分巨大，裝在一個系統中會使得速度變慢而影響實驗，因而要加強實驗教學軟

件維護，在每臺學生電腦中安裝硬盤還原卡，定期對實驗教學軟件進行測試。對於已經過時的實驗教學軟件要及時進行清除，保障電腦的正常運行。

5.4.3 經濟管理實驗教學信息技術平臺搭建

隨著高校辦學規模急遽擴大及學科之間的相互滲透，以校、院兩級共管的實驗室在其空間場地、儀器設備和人力資源配置及其管理力度上都暴露出種種問題，迫切需要建立經濟管理實驗教學信息平臺，達到對實驗室、實驗設備及軟件、實驗課程資源、實驗教學管理進行有效組織和管理，保障實驗教學順利開展和資源共享目的。經濟管理信息平臺是管理網絡資源和數據交互的基層場所，信息平臺系統是其主要核心，應該具備下列功能：傳遞信息、協作、路由程序開發。建立一個完善的適用於實驗教學的網絡信息平臺並不是一件容易的事，它需要根據需求整體規劃總體框架，對服務器部署功能角色，制定靈活的管理機制，並在此基礎上利用或開發相應的教學軟件，分析和評估其成本、整體性能及利用率，並要充分發揮其擴展性，使先進的信息技術與實驗教學完美地結合，為學生和教師提供一種豐富多彩、方便靈活的交互式學習和教學環境。

（1）實驗平臺教學網絡化管理系統

一是信息發布。包括實驗教學計劃、實驗項目管理模塊，完成實驗教學計劃的管理，實驗項目的動態管理。

二是教學管理。建立課程設置、大綱瀏覽、課程瀏覽、考試（核）安排和實驗室概況等。

三是實驗創新模塊。對學生進行創新性實驗內容的管理。

四是選課模塊。學生在完成必做實驗時，進行實驗項目的選擇，模塊完成學生選擇所設立的實驗項目和時間的管理。

五是實驗輔助指導模塊。對實驗項目內容中的目的要求、

儀器、原理等提供預習幫助，對學生做本實驗項目應注意的事項及練習測試等給予指導。

六是實驗測評模塊。提交實驗觀測的結果，正確評測學生實驗結果，根據學生實驗結果中出現的問題，正確引導學生發現問題、解決問題和分析問題。

七是成績管理模塊。完成學生實驗成績的管理，提供教師登記、統計上報等功能。

（2）設備信息化管理系統

一是實驗教學儀器設備（包括硬軟件）信息記錄模塊。包括設備名稱、資產編號、分類號、型號、規格、單價、說明書原件、組件附件、生產商家及出廠日期、編號和購入日期及其所在實驗室、使用狀況等，查詢結果信息也可顯示該設備用於哪個實驗項目。

二是教學儀器設備維護模塊。詳細記錄儀器設備損壞時間、損壞部件、維修時間、維修經費、維修部件、驗收人等情況。

三是設備使用模塊。詳細記錄各實驗室儀器設備使用率及使用方法等情況。

（3）網絡輔助教學管理系統

一是實驗教學資源系統。包括實驗教學計劃、大綱、實驗項目指導書、電子教材等，還包括多媒體實驗教學課件，便於通過網絡下載教學資源。

二是實驗教學軟件平臺。經濟管理實驗教學軟件平臺主要是指將各種可通過網絡發布共享的軟件集中，設置使用用戶和密碼，學生與教師能夠及時使用。

三是實驗儀器及實驗軟件資料。主要包括各種軟件的安裝、使用說明、儀器的使用說明等。針對教學軟件，提供軟件的用戶指南，參考文獻和相關網站地址。

四是實驗室網絡化管理系統。實驗室網絡化管理的建設，有利於實驗教學水準的提高，有利於實驗室建設與發展的決策。要根據實際建設需求，建立實驗室網絡化管理系統。

(4) 開放實驗教學管理系統

一是開放實驗選課系統。學生通過該系統能夠及時瞭解選課的內容、實驗項目，完成自主選課。

二是網絡預約系統。學生能夠通過網絡預約，定時開放實驗室，做到實驗室的有效利用。

三是實驗者身分認證系統。本校的學生憑藉一卡通、外校學生憑藉密碼進出入實驗室，保障了實驗器材的安全性。

(5) 實驗室信息管理與發布系統

實驗室信息管理與發布系統不僅提供實驗室總體發展規劃、分級規劃與階段性進展的動態信息，設備採購計劃及實驗室經費劃塊信息，實驗室構成、分佈，設備與資產情況信息，設備請求申購、審批及查詢物資庫存狀況等信息，而且提供實驗室主管部門及各實驗室的信息發布功能。同時該模塊還提供從實驗申請、審批、執行到收費整個過程的管理。系統可打印實驗申請表，實驗室收到申請表後進行審核，在確認相應設備、同意實驗後，由工作人員填報實驗信息，系統將自動生成實驗編號，並打印實驗協議書交由實驗申請人和實驗室簽署。在取得實驗編號後，方可申請使用設備進行實驗，系統將自動打印設備使用登記表，實驗結束後，實驗人員需填報實驗情況及設備情況，系統可據此計算實驗費用，統計設備利用情況。系統最後可自動打印實驗清單及收費通知單。通過這一模塊，規範實驗室的實驗安排和設備使用，有助於自動統計分析實驗及設備利用情況。

5.5 經濟管理實驗教學質量監控保障

建立教學質量監控是教學管理的重要內容，是保障經濟管理實驗教學正常開展，提高實驗教學質量的重要手段。教學質量監控體系應該涵蓋經濟管理實驗教學的全過程。

5.5.1 實驗教學質量監控體系構建意義

(1) 有利於保證實驗教學質量

建立科學的實驗教學質量監控體系，有利於保證實驗教學平臺的正常運行，提高實驗教學質量。一方面可推動經管專業實驗教師間的相互學習和交流，有效地調動實驗教師提高實驗教學質量的積極性；另一方面也將使部分對教學質量漠不關心的教師感到壓力，從而主動為實驗教學質量的提升採取積極措施，由此推動實驗教學質量的提高。

(2) 有利於推進實驗教學改革

實驗教學是培養學生掌握科學實驗方法與技能，提高科學素質、動手能力與創新能力的重要途徑。建立合理、有效的實驗教學質量監控體系，能科學地評價、控制實驗教學的質量，提高實驗教學水準，促進經管專業實驗教學特色的形成和教學改革的深入與發展，深化經濟管理實驗教學改革。

(3) 有利於提高大學生實踐創新能力

建立科學的實驗教學質量監控體系必然要求對實驗教學理念、實驗教學方法、實驗教學手段以及實驗課程考核方法等進行配套改革和建設，以從根本上發揮實驗教學的根本目的，進而為提高大學生的實踐創新能力提供一定保障。

(4) 有利於促進實驗教學管理的科學化

通過建立科學的經管類專業實驗教學質量監控體系，可以及時、準確地掌握實驗教學運行的基本情況和存在的問題，獲得實驗教學的具體信息。通過對信息的分析與研究，明確必須採取的相應措施，從而實現經管類專業實驗教學管理的科學化。

5.5.2 實驗教學質量監控體系構建原則

(1) 目標性原則

目標性原則要求教學質量監控體系的構建必須緊緊圍繞學校總體目標和教學質量目標，利用一切可用的監控與評價的技術和方法，系統地收集信息，並對各項實驗教學工作給予價值上的判斷，為提高實驗教學質量服務。

(2) 科學性原則

科學性原則要求實驗教學質量監控體系的構建必須遵循高等教育和高等學校管理的客觀規律，符合學校的客觀基礎和現實條件，符合社會發展的需要。科學性原則還要求學校在實施實驗教學質量監控時要以實事求是的態度，系統、客觀、真實、準確地反應教學工作情況，重視客觀條件與主觀能動性相結合，行為監控與心理監控相結合，定性評價與定量評價相結合，同時還要注意教師教學現實狀態及其發展趨勢。

(3) 完整性與重要性相結合的原則

完整性原則要求教學質量監控體系要全面反應實驗教學質量的要求，體現實驗教學質量的全部要素。只有這樣才能準確地反應總體目標的宗旨和要求，反應教學工作的客觀實際，否則將引偏方向，出現偏差，給監控工作帶來不必要的人為損失。重要性原則是指在對教學質量實施監控過程中不能事無鉅細都一視同仁，而是要區分實驗教學工作中的次要矛盾和主要

矛盾，質量影響因素的初級要素和高級要素、一般要素和專業要素，分別加以不同的權重，突出專業要素和高級要素的重要性。

(4) 導向性原則

導向性原則是從實驗教學質量監控體系的功能出發而言的。教學質量監控體系中的質量標準、評價方案、評價指標等本身是一種規範，但這種規範本身就又具有導向作用。可以說，規範中有導向，導向過程中又形成新的規範。因此在建立質量標準和設計指標體系時要充分發揮監控體系的導向性功能，抓住不同時期或不同階段實驗教學中存在的教學質量共性問題，及時調整或增加相應內容。

(5) 實用性原則

實用性原則有兩層含義：一是監控方案要簡單易行，便於操作；二是指標體系要緊密結合具體的評價對象和具體的評價內容的個性特點。比如，不同學科或專業類的實驗課程，其思維方法可能不同。此外，不同的監控主體，例如督導員和學生，其認知結構、價值取向有明顯差異，同樣不應當使用同一個指標體系。由此可見，評價指標體系應當符合本校實際和體現經管類不同專業的特點。

(6) 層次性原則

教學質量的層次性和影響因素的複雜性，決定了高校實驗教學質量監控體系是一個複雜的、層次重疊的管理系統。層次性原則要求高校構建實驗教學質量監控體系必須從實際出發，針對教師、學生的不同類型、不同層次和個體差異進行監控。

5.5.3 實驗教學質量監控體系構建內容

(1) 建立科學的實驗教學管理系統

要保證實驗教學質量，必須理順實驗教學管理的各方面關

係，建立實驗教學質量監控與評價工作機構。由學校教學管理部門或教學評估部門組織設立實驗教學質量監控與評價領導小組、實驗教學質量監控與評價專家組。實驗教學質量監控與評價領導小組由學校相關領導、各學院分管實驗教學院長、主要職能部門負責人、實驗中心和院系負責人等組成。領導小組負責審定實驗教學質量監控工作計劃和實施方案，由指導、檢查專家組和各系開展實驗教學質量監控工作，研究解決實驗教學質量監控實施過程中發現的重大問題，制定實驗教學質量監控工作的獎懲辦法。教學質量監控與評價專家組由具有豐富教學或管理經驗、工作熱心、樂於奉獻、有高度責任感的教師組成。隨時到實驗室觀察、聽課，到實踐基地檢查實驗教學工作，不定時發放實驗教學評價表，召開學生座談會，獲得反饋信息，把發現的問題及時反饋至學校教學質量監控行政管理部門。

(2) 建立實驗教學質量監控制度

根據高校人才培養目標和專業培養要求，構建基本技能、專業技能、綜合技能實驗教學模塊，制定相應的實驗教學質量標準。制定一系列關於實驗、實訓等方面的教學管理文件，加強組織管理、計劃管理、運行管理和檔案管理。確定實驗教學計劃、實驗教學大綱、實驗教學指導書、實驗報告、項目單卡、過程管理、成績評定等環節質量標準，使得實驗教學質量監控與評價有章可依。強化實驗教學評價，根據實驗教學質量評價表，由領導、專家、同行、學生等多方對教師的實驗教學質量客觀評價。

(3) 建立實驗教學質量評價指標和評價機制

教學質量評價系統是指各主要教學環節的評價方案的集合。保證和提高教學質量不可能單靠一種方法完成，它需要依靠各類教學質量評價方案構成整體上的綜合效應。建立適合於

學校自身發展的經管類實驗教學質量評價標準，構建一個合理的、標準的、科學規範的體系，不僅有利於對經管類實驗教學狀況進行有效的評價，而且能及時發現問題及時解決，從而不斷促進實驗教學質量的提高。經管類實驗教學評價系統要從實驗課程本身出發，將實驗教學態度、實驗教學內容、實驗教學方法、實驗教學效果等作為評價指標，賦予一定的權重，根據每一項指標應具備的基本標準作為參考內容，形成整個實驗教學質量評價系統的點面結合、相互促進、全面監控、整體優化的特點，體現實驗教學質量監控體系的全面性和重點性相結合的原則，從而能夠全面保證實驗教學質量和人才培養質量。

（4）建立實驗教學質量的反饋系統

實驗教學過程情況檢查，可採取日常督導、綜合督導、專項督導、跟蹤督導等多種形式，對實驗教學過程實行全程督導監控，及時發現問題，解決實驗教學的不足。建立學生信息員制度，由各專業認真負責的學生班幹部組成。收集學生實驗教學的反饋信息，及時向行政管理部門提供實驗教學信息，院系定期召開學生信息員反饋會，全面瞭解各專業實驗教學信息。實驗教學結果的反饋，可通過畢業生職業技能大檢驗和社會對畢業大學生工作表現的反饋情況及學生就業反饋表，研究實驗教學問題，提出解決問題方案。

國家圖書館出版品預行編目（CIP）資料

經濟管理實驗教學平臺建設研究 / 羅勇, 東奇 等 著. -- 第一版.
-- 臺北市 : 財經錢線文化發行: 崧博出版, 2019.12
　　面；　　公分
POD版

ISBN 978-957-735-961-2(平裝)

1.管理經濟學 2.教學研究

494.016　　　　　　　　　　　　　　　　10801819

書　　名：經濟管理實驗教學平臺建設研究
作　　者：羅勇、東奇 等著
發 行 人：黃振庭
出 版 者：崧博出版事業有限公司
發 行 者：財經錢線文化事業有限公司
E - m a i l：sonbookservice@gmail.com
粉 絲 頁：　　　　　　網　址：
地　　址：台北市中正區重慶南路一段六十一號八樓 815 室
8F.-815, No.61, Sec. 1, Chongqing S. Rd., Zhongzheng
Dist., Taipei City 100, Taiwan (R.O.C.)
電　　話：(02)2370-3310　傳　真：(02) 2388-1990
總 經 銷：紅螞蟻圖書有限公司
地　　址: 台北市內湖區舊宗路二段 121 巷 19 號
電　　話:02-2795-3656 傳真:02-2795-4100　　網址：
印　　刷：京峯彩色印刷有限公司（京峰數位）

　本書版權為西南財經大學出版社所有授權崧博出版事業股份有限公司獨家發行電子書及繁體書繁體字版。若有其他相關權利及授權需求請與本公司聯繫。

定　　價：380 元
發行日期：2019 年 12 月第一版
◎ 本書以 POD 印製發行